中国河流泥沙公报

2017

中华人民共和国水利部　编著

中国水利水电出版社
www.waterpub.com.cn
·北京·

图书在版编目（CIP）数据

中国河流泥沙公报. 2017 / 中华人民共和国水利部编著. -- 北京：中国水利水电出版社，2018.9
ISBN 978-7-5170-6786-3

Ⅰ. ①中… Ⅱ. ①中… Ⅲ. ①河流泥沙－研究－中国－2017 Ⅳ. ①TV152

中国版本图书馆CIP数据核字（2018）第202082号

审图号：GS（2018）4002号

责任编辑：王志媛

书　　　名	中国河流泥沙公报 2017 ZHONGGUO HELIU NISHA GONGBAO 2017
作　　　者	中华人民共和国水利部　编著
出版发行	中国水利水电出版社 （北京市海淀区玉渊潭南路1号D座　100038） 网址：www.waterpub.com.cn E-mail：sales@waterpub.com.cn 电话：（010）68367658（营销中心）
经　　　售	北京科水图书销售中心（零售） 电话：（010）88383994、63202643、68545874 全国各地新华书店和相关出版物销售网点
排　　　版	中国水利水电出版社装帧出版部
印　　　刷	北京博图彩色印刷有限公司
规　　　格	210mm×285mm　16开本　5印张　150千字
版　　　次	2018年9月第1版　2018年9月第1次印刷
印　　　数	0001—1800册
定　　　价	48.00元

凡购买我社图书，如有缺页、倒页、脱页的，本社营销中心负责调换

版权所有·侵权必究

编写说明

1.《中国河流泥沙公报》（以下简称《泥沙公报》）中各流域水沙状况系根据河流水文控制站实测径流量和实测输沙量与多年平均值的比较确定。

2. 河流中运动的泥沙一般分为悬移质（悬浮于水中向前运动）与推移质（沿河底向前推移）两种。目前推移质测站较少，其数量较悬移质少得多，故《泥沙公报》中的输沙量一般是指悬移质部分，不包括推移质。

3.《泥沙公报》中描写河流泥沙的主要物理量及其定义如下：

流　　量——单位时间内通过某一过水断面的水量（立方米/秒）；

径 流 量——一定时段内通过河流某一断面的水量（立方米）；

输 沙 量——一定时段内通过河流某一断面的泥沙质量（吨）；

输沙模数——单位时间单位流域面积产生的输沙量[吨/（年·平方公里）]；

含 沙 量——单位体积水沙混合物中的泥沙质量（千克/立方米）；

中数粒径——泥沙颗粒组成中的代表性粒径（毫米），小于等于该粒径的泥沙占总质量的50%。

4. 河流泥沙测验按相关技术规范进行。一般采用断面取样法配合流量测验求算断面单位时间内悬移质的输沙量，并根据水、沙过程推算日、月、年等的输沙量。同时进行泥沙颗粒级配分析，求得泥沙粒径特征值。河床与水库的冲淤变化一般采用断面法测量与推算。

5. 我国地形测量中使用了不同的基准高程，如1985国家高程基准、大沽高程等。《泥沙公报》中除专门说明者外，均采用1985国家高程基准。

6. 本期《泥沙公报》的多年平均值除另有说明外，一般是指1950—2015年实测值的平均数值。如实测起始年份晚于1950年，则取实测起始年份至2015年的平均值；近10年平均值是指2008—2017年实测值的平均数值；基本持平是指本年度径流量和输沙量的变化幅度不超过5%。

7. 本期《泥沙公报》发布的泥沙信息不包含香港特别行政区、澳门特别行政区和台湾省的河流泥沙信息。

8. 本期《泥沙公报》参加编写单位为长江水利委员会、黄河水利委员会、淮河水利委员会、海河水利委员会、珠江水利委员会、松辽水利委员会、太湖流域管理局的水文局，北京、天津、河北、内蒙古、山东、黑龙江、辽宁、吉林、新疆、甘肃、陕西、河南、湖北、安徽、湖南、浙江、江西、福建、云南、广西、广东、青海等省（自治区、直辖市）水文（水资源）（勘测）局（总站）。

《泥沙公报》编写组由水利部水文司、水利部水文水资源监测预报中心、国际泥沙研究培训中心与各流域机构水文局人员组成。

综　　述

本期《泥沙公报》的编报范围包括长江、黄河、淮河、海河、珠江、松花江、辽河、钱塘江、闽江、塔里木河和黑河等11条河流及青海湖区。内容包括河流主要水文控制站的年径流量、年输沙量及其年内分布，重要河段的冲淤变化，重要水库的淤积和重要泥沙事件。

本期《泥沙公报》所编报的主要河流代表水文站2017年实测总径流量为14560亿立方米（表1），与多年平均年径流量13970亿立方米基本持平，较近10年平均年径流量13750亿立方米偏大6%，较2016年径流量减小11%；代表站实测总输沙量为3.07亿吨，较多年平均年输沙量15.1亿吨偏小80%，较近10年平均和2016年输沙量3.30亿吨皆偏小7%。其中，2017年长江和珠江代表站的径流量分别占代表站总径流量的64%和22%；长江和黄河代表站的输沙量分别占代表站总输沙量的34%和42%；2017年黄河、塔里木河和辽河代表站平均含沙量较大，分别为6.58

表1　2017年主要河流代表水文站与实测水沙特征值

河　流	代表水文站	控制流域面积（万平方公里）	年径流量（亿立方米） 多年平均	年径流量（亿立方米） 近10年平均	年径流量（亿立方米） 2017年	年输沙量（万吨） 多年平均	年输沙量（万吨） 近10年平均	年输沙量（万吨） 2017年
长江	大通	170.54	8931	8879	9378	36800	12700	10400
黄河	潼关	68.22	335.5	235.8	197.7	97800	13900	13000
淮河	蚌埠+临沂	13.16	280.9	226.7	374.0	1040	312	332
海河	石匣里+响水堡+张家坟+下会+观台+元村集	8.40	38.17	14.20	16.22	2540	59.9	31.7
珠江	高要+石角+博罗	41.52	2821	2839	3216	6720	2510	3450
松花江	佳木斯	52.83	634.0	567.4	475.5	1250	1120	645
辽河	铁岭+新民	12.64	31.29	25.95	17.77	1420	162	315
钱塘江	兰溪+诸暨+上虞东山	2.44	220.5	243.6	201.0	289	384	318
闽江	竹岐+永泰（清水壑）	5.85	573.4	609.5	533.5	599	262	98.5
塔里木河	阿拉尔+焉耆	15.04	71.91	74.39	107.3	2150	1460	2000
黑河	莺落峡	1.00	16.32	20.39	23.31	199	106	53.5
青海湖	布哈河口+刚察	1.57	11.15	16.82	22.47	44.8	64.3	83.2
合计		393.21	13970	13750	14560	151000	33000	30700

i

千克/立方米、1.86千克/立方米和1.77千克/立方米，其他河流代表站平均含沙量均小于0.37千克/立方米。

长江流域干流主要水文控制站2017年实测水沙特征值与多年平均值比较，直门达站年径流量偏大31%，其他站基本持平；直门达站和石鼓站年输沙量分别偏大40%和26%，其他站偏小72%～99%。与近10年平均值比较，2017年石鼓、朱沱和寸滩各站径流量基本持平，其他站偏大6%～8%；直门达站和石鼓站年输沙量分别偏大19%和11%，其他站偏小18%～98%。与2016年比较，2017年直门达站和石鼓站径流量分别增大54%和12%，大通站减小10%，其他站基本持平；直门达站和石鼓站年输沙量分别增大97%和12%，汉口站基本持平，其他站减小18%～61%。2008年9月至2017年12月，重庆主城区河段累积冲刷量为0.1789亿立方米。2002年10月至2017年10月，荆江河段平滩河槽累计冲刷量为10.5087亿立方米。2003年11月至2017年11月，城陵矶至汉口河段平滩河槽冲刷量为3.3673亿立方米。2017年三峡水库淤积泥沙0.312亿吨，水库排沙比为9%。2017年在长江干流河道和两湖区域内共行政许可采砂50项，许可采砂总量约8332万吨；长江干流局部河段发生严重的崩岸险情。

黄河流域干流主要水文控制站2017年实测水沙特征值与多年均值比较，年径流量偏小7%～69%，年输沙量偏小39%～99%。与近10年平均值比较，2017年各站径流量偏小7%～44%；龙门站年输沙量偏大13%，其他站减小6%～91%。与2016年比较，2017年龙门站径流量基本持平，其他站增大7%～36%；花园口站年输沙量基本持平，兰州、龙门和利津各站减小10%～42%，其他站增大6%～73%。2017年度内蒙古河段典型水文站断面略有冲刷；黄河下游河道冲刷量为0.458亿立方米，引水量和引沙量分别为102.3亿立方米和0.0848亿吨。2017年三门峡水库淤积量为0.275亿立方米，小浪底水库淤积量为1.163亿立方米。2017年无定河发生"7·26"高含沙洪水，白家川水文站最大含沙量达873千克/立方米；小北干流发生"揭河底"现象。

淮河流域主要水文控制站2017年实测水沙特征值与多年平均值比较，干流各站年径流量偏大36%～45%，颍河阜阳站基本持平，沂河临沂站偏小45%；各站年输沙量偏小31%～100%。与近10年平均值比较，2017年临沂站径流量偏小18%，其他站偏大60%～94%；阜阳站和临沂站年输沙量分别偏小89%和99%，干流各站偏大15%~74%。与2016年比较，2017年各站径流量增大29%~324%；干流息县站和阜阳站年输沙量分别增大26%和330%，干流鲁台子站和蚌埠站分别减小34%和28%，临沂站年输沙量从上年度近似为0增大为0.118万吨。

海河流域主要水文控制站2017年实测水沙特征值与多年平均值比较，各站年径流量偏小47%~91%；各站年输沙量偏小97%~100%。与近10年平均值比较，2017年洋河响水堡站和潮河下会站径流量基本持平，海河海河闸站偏小30%，其他站偏大8%~137%；响水堡站近10年输沙量均近似为0，其他站偏小15%~100%。与2016年比较，2017年永定河雁翅站径流量增大130%，桑干河石匣里站基本不变，其他站减小33%~64%；石匣里站年输沙量增大95%，雁翅、白河张家坟、漳河观台和卫河元村集各站减小77%~100%，其他站仍近似为0。2017年引黄入冀调水3.040亿立方米，挟带泥沙3.40万吨。

珠江流域主要水文控制站2017年实测水沙特征值与多年平均值比较，北江石角站和东江博罗站年径流量分别偏小11%和6%，其他站偏大18%~31%；柳江柳州站年输沙量偏大412%，南盘江小龙潭站基本持平，其他站偏小41%~96%。与近10年平均值比较，2017年石角站径流量偏小12%，博罗站基本持平，其他站偏大20%~91%；郁江南宁、博罗和石角各站年输沙量偏小23%~60%，其他站偏大42%~224%。与2016年比较，2017年柳州站和西江高要站径流量基本持平，石角站和博罗站分别减小37%和45%，其他站增大10%~74%；石角站和博罗站年输沙量分别减小68%和69%，其他站增大32%~237%。

松花江流域主要水文控制站2017年实测水沙特征值与多年平均值比较，第二松花江扶余站年径流量偏大13%，其他站偏小25%~64%；各站年输沙量偏小15%~76%。与近10年平均值比较，2017年扶余站径流量基本持平，其他站偏小16%~56%；扶余站年输沙量偏大24%，其他站偏小33%~84%。与2016年比较，2017年扶余站径流量基本持平，其他站减小12%~23%；扶余站和干流哈尔滨站年输沙量分别增大116%和40%，其他站减小33%~42%。

辽河流域主要水文控制站2017年实测水沙特征值与多年平均值比较，西拉木伦河巴林桥站年径流量基本持平，其他站偏小24%~89%；各站年输沙量偏小21%~100%。与近10年平均值比较，2017年巴林桥站和柳河新民站径流量分别偏大26%和108%，其他站偏小18%~45%；新民站年输沙量偏大493%，其他站偏小8%~88%。与2016年比较，2017年新民站径流量增大92%，老哈河兴隆坡站基本持平，其他站减小12%~39%；新民站年输沙量增加831%，其他站减小15%~81%。

钱塘江流域主要水文控制站2017年实测水沙特征值与多年平均值比较，曹娥江上虞东山站和浦阳江诸暨站年径流量分别偏小43%和12%，其他站基本持平；兰江兰溪站年输沙量偏大30%，其他站偏小16%~63%。与近10年平均值比较，2017年各站径流量偏小12%~38%；衢江衢州站年输沙量基本持平，其他站偏小13%~54%。

闽江流域主要水文控制站2017年实测水沙特征值与多年平均值比较，沙溪沙县（石桥）站年径流量基本持平，其他站偏小6%~14%；各站年输沙量偏小53%~85%。与近10年平均值比较，2017年大樟溪永泰（清水壑）站径流量基本持平，其他站偏小7%~20%；各站年输沙量偏小57%~88%。

塔里木河流域主要水文控制站2017年实测水沙特征值与多年平均值比较，各站年径流量分别偏大20%~51%；干流阿拉尔站年输沙量基本持平，开都河焉耆站偏小87%，其他站偏大9%~37%。与近10年平均值比较，2017年玉龙喀什河同古孜洛克站径流量基本持平，其他站偏大7%~48%；焉耆站和同古孜洛克站年输沙量分别偏小47%和22%，其他站偏大8%~69%。

黑河干流莺落峡站和正义峡站2017年实测水沙特征值与多年平均值比较，年径流量分别偏大43%和56%；莺落峡站年输沙量偏小73%，正义峡站偏大11%。与近10年值比较，2017年两站径流量分别偏大14%和28%；莺落峡站年输沙量偏小50%，正义峡站偏大65%。

青海湖区布哈河口站和依克乌兰河刚察站2017年实测水沙特征值与多年平均值比较，年径流量分别偏大115%和60%；布哈河口站年输沙量偏大111%，刚察站偏小31%。与近10年平均值比较，2017年布哈河口站和刚察站径流量分别偏大37%和22%；布哈河口站年输沙量偏大40%，刚察站偏小38%。

目录

编写说明

综述

第一章 长江
- 一、概述 ··· 1
- 二、径流量与输沙量 ·· 2
- 三、重点河段冲淤变化 ··· 12
- 四、三峡水库冲淤变化 ··· 20
- 五、重要泥沙事件 ··· 21

第二章 黄河
- 一、概述 ·· 23
- 二、径流量与输沙量 ·· 24
- 三、重点河段冲淤变化 ··· 27
- 四、重要水库冲淤变化 ··· 31
- 五、重要泥沙事件 ··· 34

第三章 淮河
- 一、概述 ·· 37
- 二、径流量与输沙量 ·· 37
- 三、典型断面冲淤变化 ··· 40

第四章 海河
- 一、概述 ·· 41
- 二、径流量与输沙量 ·· 41

第五章　珠江

一、概述 ·· 45
二、径流量与输沙量 ······································ 45
三、典型断面冲淤变化 ···································· 49

第六章　松花江与辽河

一、概述 ·· 50
二、径流量与输沙量 ······································ 51
三、典型断面冲淤变化 ···································· 55

第七章　东南河流

一、概述 ·· 57
二、径流量与输沙量 ······································ 57
三、典型断面冲淤变化 ···································· 61

第八章　内陆河流

一、概述 ·· 63
二、径流量与输沙量 ······································ 64

封面：怒江察瓦龙河段（池光胜　摄）
封底：滦河潘家口水库（苏永生　摄）
正文图片：参编单位提供

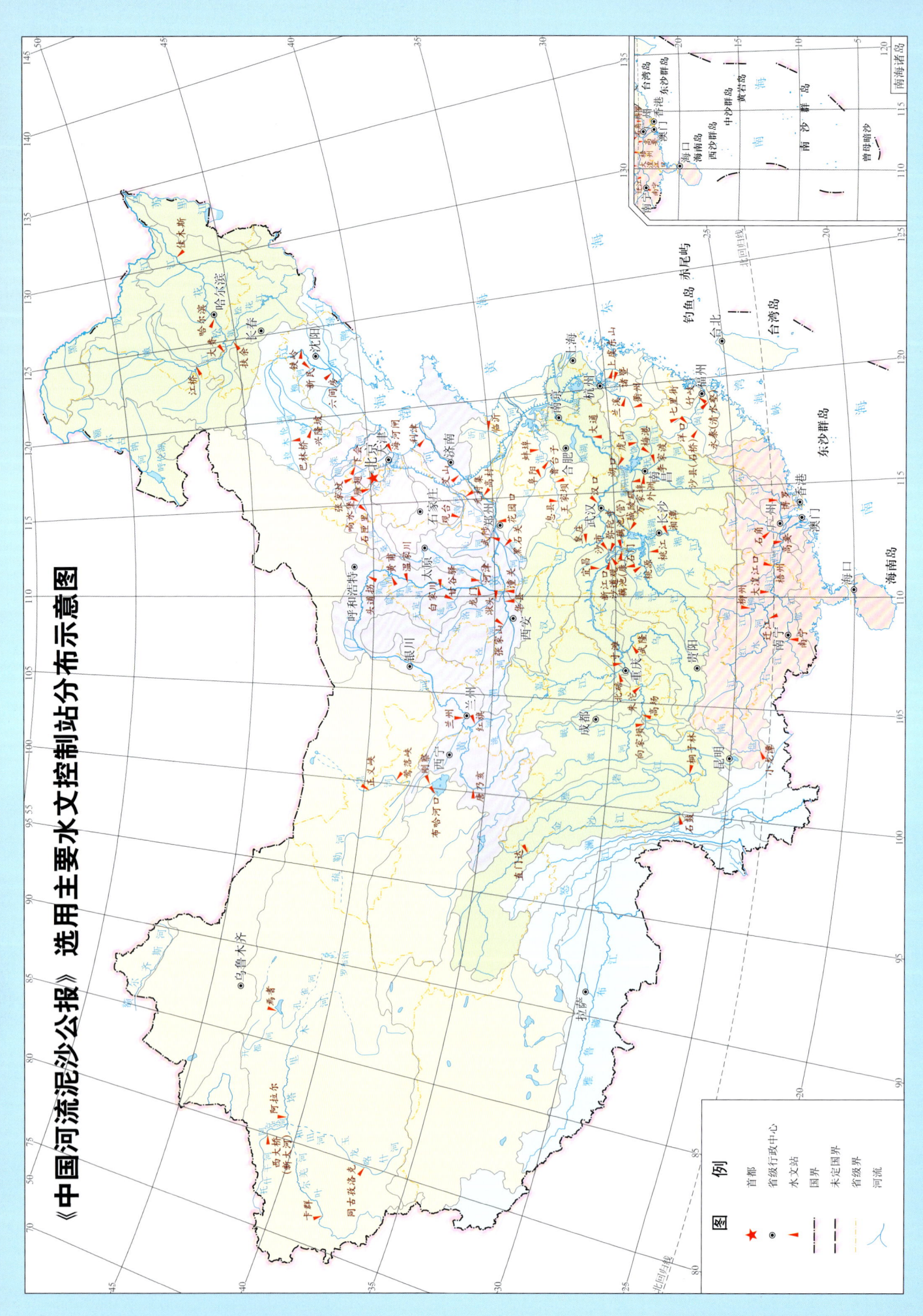

重庆朝天门（赵军 摄）

第一章 长江

一、概述

2017年长江干流主要水文控制站实测水沙特征值与多年平均值比较，直门达站年径流量偏大31%，其他站基本持平；直门达站和石鼓站年输沙量分别偏大40%和26%，其他站偏小72%～99%。与近10年平均值比较，2017年石鼓、朱沱和寸滩各站径流量基本持平，其他站偏大6%～8%；直门达站和石鼓站年输沙量分别偏大19%和11%，其他站偏小18%～98%。与上年度比较，2017年直门达站和石鼓站径流量分别增大54%和12%，大通站减小10%，其他站基本持平；直门达站和石鼓站年输沙量分别增大97%和12%，汉口站基本持平，其他站减小18%～61%。

2017年长江主要支流水文控制站实测水沙特征值与多年平均值比较，岷江高场站和乌江武隆站年径流量均偏小6%，其他站基本持平；各站年输沙量偏小43%～94%。与近10年平均值比较，2017年汉江皇庄站径流量偏大12%，其他站基本持平；皇庄站年输沙量偏大45%，其他站偏小15%～78%。与上年度比较，2017年嘉陵江北碚站和皇庄站径流量分别增大52%和84%，高场站基本持平，雅砻江桐子林站和乌江武隆站分别减小8%和21%；高场、北碚和皇庄各站年输沙量增大31%～409%，桐子林站和武隆站年输沙量分别减小29%和58%。

2017年洞庭湖区和鄱阳湖区主要水文控制站实测水沙特征值与多年平均值比较，洞庭湖区资水桃江站和沅江桃源站年径流量分别偏大12%和19%，湘江湘潭、澧水石门和洞庭湖湖口城陵矶各站基本持平，荆江河段松滋口、太平口和藕池口区域各站偏小14%～96%；桃江站年输沙量偏大17%，其他站偏小32%～100%。鄱阳湖区修水万家埠站年径流量偏大33%，湖口水道湖口站和赣江外洲站基本持平，其他站偏小8%～20%；饶河虎山站和万家埠站年输沙量分别偏大158%和39%，其他站偏小37%～82%。与近10年平均值比较，2017年洞庭湖区桃江、桃源、松滋河（西）新江口、城陵矶各站径流量偏大6%～19%，弥陀寺站和藕池（康）站分别偏小29%和67%，其他站基本持平；湘潭、桃江和桃源各站年输沙量偏大29%～246%，其他站偏小26%～92%。鄱阳湖区万家埠站年径流量偏大23%，湖口站基本持平，其他站偏小8%～23%；虎山站和万家埠站年输沙量分别偏大32%和78%，信江梅港站基本持平，其他站偏小36%～54%。与上年度比较，2017年洞庭湖区桃江站和新江口站年径流量基本持平，其他站减小7%～71%；湘潭、桃江和桃源各站年输沙量增大21%～138%，其他站减小35%～91%。鄱阳湖区万家埠站年径流量基本持平，其他站减小25%～51%；虎山站年输沙量增大36%，万家埠站基本持平，其他站减小6%～62%。

2017年三峡水库继续进行175米试验性蓄水，库区淤积泥沙0.312亿吨，水库排沙比为9%。2008年9月至2017年12月，重庆主城区河段累积冲刷量为0.1789亿立方米。2002年10月至2017年10月，荆江河段河床持续冲刷，其平滩河槽冲刷量为10.5087亿立方米。2003年11月至2017年11月，城陵矶至汉口河段平滩河槽冲刷量为3.3673亿立方米。

2017年主要泥沙事件包括长江干流河道及洞庭湖、鄱阳湖湖区实施采砂，长江干流局部河段发生严重的崩岸险情。

二、径流量与输沙量

（一）2017年实测水沙特征值

1. 长江干流

2017年长江干流主要水文控制站实测水沙特征值与多年平均值、近10年平均值及2016年值的比较见表1-1和图1-1。

2017年长江干流主要水文控制站实测径流量与多年平均值比较，直门达站偏大31%，其他站基本持平；与近10年平均值比较，直门达、向家坝、宜昌、沙市、汉口和大通各站分别偏大6%、8%、6%、7%、7%和6%，石鼓、朱沱和寸滩各站基本持平；与上年度比较，直门达站和石鼓站分别增大54%和12%，大通站减小10%，其他站基本持平。

2017年长江干流主要水文控制站实测输沙量与多年平均值比较，直门达站和石鼓站分别偏大40%和26%，向家坝、朱沱、寸滩、宜昌、沙市、汉口和大通各站分别偏小99%、90%、91%、99%、95%、79%和72%；与近10年平均值比较，直门达站和石鼓站分别偏大19%和11%，向家坝、朱沱、寸滩、宜昌、沙市、汉口和大通各站分别偏小98%、72%、71%、84%、53%、20%和18%；与上年度比较，直门达站和石鼓站分别增大97%和12%，汉口站基本持平，向家坝、朱沱、寸滩、宜昌、沙市和大通各站分别减小32%、28%、18%、61%、22%和32%。

表 1-1 长江干流主要水文控制站实测水沙特征值对比表

水文控制站		直门达	石 鼓	向家坝	朱 沱	寸 滩	宜 昌	沙 市	汉 口	大 通
控制流域面积 （万平方公里）		13.77	21.42	45.88	69.47	86.66	100.55		148.80	170.54
年径流量 （亿立方米）	多年平均	130.2 (1957—2015年)	424.2 (1952—2015年)	1420 (1956—2015年)	2648 (1954—2015年)	3434 (1950—2015年)	4304 (1950—2015年)	3903 (1955—2015年)	7040 (1954—2015年)	8931 (1950—2015年)
	近10年平均	160.8	423.2	1339	2529	3277	4159	3837	6872	8879
	2016年	111.1	390.1	1408	2739	3221	4264	3988	7487	10450
	2017年	170.8	435.9	1447	2653	3303	4403	4096	7373	9378
年输沙量 （亿吨）	多年平均	0.096 (1957—2015年)	0.253 (1958—2015年)	2.23 (1956—2015年)	2.69 (1956—2015年)	3.74 (1953—2015年)	4.03 (1950—2015年)	3.51 (1956—2015年)	3.37 (1954—2015年)	3.68 (1951—2015年)
	近10年平均	0.113	0.289	0.694	0.968	1.18	0.204	0.347	0.868	1.27
	2016年	0.068	0.286	0.022	0.378	0.425	0.085	0.209	0.679	1.52
	2017年	0.134	0.320	0.015	0.274	0.347	0.033	0.162	0.698	1.04
年平均含沙量 （千克/立方米）	多年平均	0.647 (1957—2015年)	0.602 (1958—2015年)	1.57 (1956—2015年)	1.02 (1956—2015年)	1.09 (1953—2015年)	0.936 (1950—2015年)	0.901 (1956—2015年)	0.478 (1954—2015年)	0.414 (1951—2015年)
	2016年	0.615	0.734	0.015	0.137	0.131	0.020	0.052	0.091	0.145
	2017年	0.786	0.732	0.010	0.103	0.105	0.008	0.040	0.094	0.111
年平均中数粒径 （毫米）	多年平均		0.017 (1987—2015年)	0.014 (1987—2015年)	0.011 (1987—2015年)	0.010 (1987—2015年)	0.007 (1987—2015年)	0.018 (1987—2015年)	0.012 (1987—2015年)	0.010 (1987—2015年)
	2016年		0.012	0.011	0.011	0.010	0.008	0.024	0.014	0.014
	2017年		0.011	0.009	0.012	0.011	0.010	0.049	0.019	0.016
输沙模数 [吨/(年·平方公里)]	多年平均	69.9 (1957—2015年)	122 (1958—2015年)	486 (1956—2015年)	387 (1956—2015年)	432 (1950—2015年)	401 (1950—2015年)		226 (1954—2015年)	216 (1951—2015年)
	2016年	49.7	134	4.73	54.4	49.0	8.42		45.6	89.1
	2017年	97.3	149	3.23	39.4	40.0	3.29		46.9	61.0

2. 长江主要支流

2017年长江主要支流水文控制站实测水沙特征值与多年平均值、近10年平均值及2016年值的比较见表1-2和图1-2。

2017年长江主要支流水文控制站实测径流量与多年平均值比较，岷江高场站和乌江武隆站均偏小6%，雅砻江桐子林、嘉陵江北碚和汉江皇庄各站基本持平；与近10年平均值比较，皇庄站偏大12%，其他站基本持平；与上年度比较，北碚站和皇庄站分别增大52%和84%，高场站基本持平，桐子林站和武隆站分别减小8%和21%。

2017年长江主要支流水文控制站实测输沙量与多年平均值比较，桐子林、高场、北碚、武隆和皇庄各站分别偏小43%、67%、94%、94%和86%；与近10年平均值比较，皇庄站偏大45%；桐子林、高场、北碚和武隆各站分别偏小38%、15%、78%和48%；与上年度比较，高场、北碚和皇庄各站分别增大31%、409%和369%，桐子林站和武隆站分别减小29%和58%。

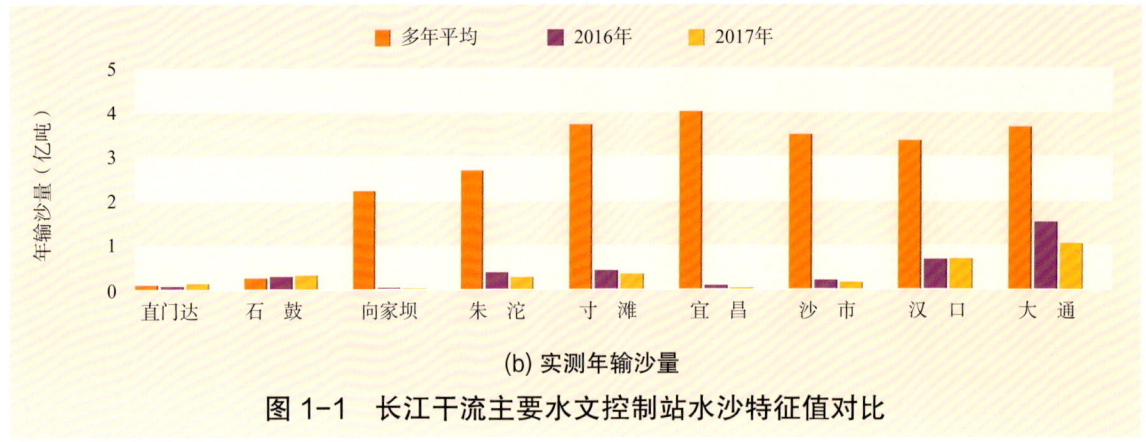

图 1-1　长江干流主要水文控制站水沙特征值对比

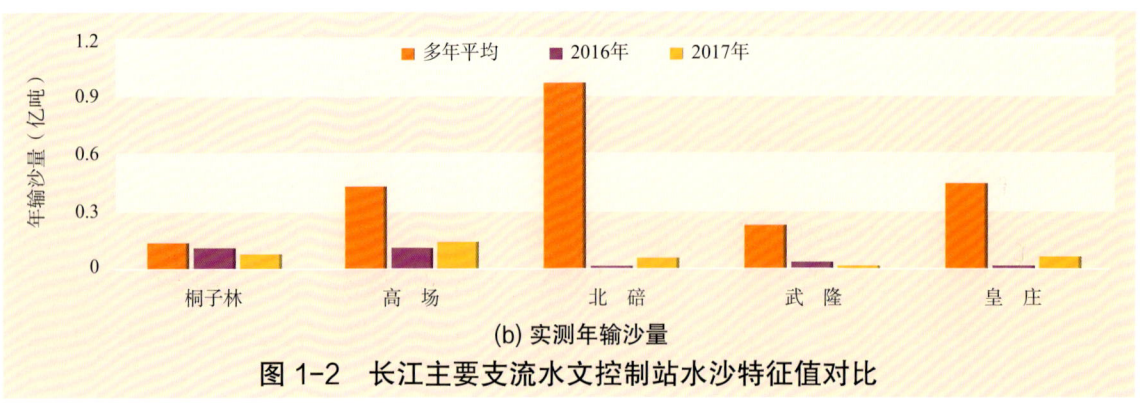

图 1-2　长江主要支流水文控制站水沙特征值对比

表 1-2 长江主要支流水文控制站实测水沙特征值对比表

河　流		雅砻江	岷　江	嘉陵江	乌　江	汉　江
水文控制站		桐子林	高　场	北　碚	武　隆	皇　庄
控制流域面积 （万平方公里）		12.84	13.54	15.67	8.30	14.21
年径流量 （亿立方米）	多年平均	590.3 （1999—2015年）	841.8 （1956—2015年）	655.2 （1956—2015年）	482.9 （1956—2015年）	467.1 （1950—2015年）
	近10年平均	566.7	783.0	643.9	443.5	398.3
	2016年	613.3	772.5	410.7	569.5	242.4
	2017年	566.3	792.1	622.9	452.2	446.1
年输沙量 （亿吨）	多年平均	0.134 （1999—2015年）	0.428 （1956—2015年）	0.967 （1956—2015年）	0.225 （1956—2015年）	0.442 （1951—2015年）
	近10年平均	0.122	0.165	0.259	0.027	0.042
	2016年	0.107	0.107	0.011	0.033	0.013
	2017年	0.076	0.140	0.056	0.014	0.061
年平均 含沙量 （千克/立方米）	多年平均	0.228 （1999—2015年）	0.508 （1956—2015年）	1.48 （1956—2015年）	0.466 （1956—2015年）	0.946 （1951—2015年）
	2016年	0.175	0.139	0.026	0.058	0.055
	2017年	0.135	0.177	0.089	0.031	0.138
年平均 中数粒径 （毫米）	多年平均		0.017 （1987—2015年）	0.008 （2000—2015年）	0.007 （1987—2015年）	0.050 （1987—2015年）
	2016年		0.014	0.009	0.009	0.019
	2017年		0.011	0.008	0.012	0.019
输沙模数 [吨/(年·平方公里)]	多年平均	104 （1999—2015年）	316 （1956—2015年）	617 （1956—2015年）	271 （1956—2015年）	311 （1951—2015年）
	2016年	83.4	79.0	6.83	39.5	9.43
	2017年	59.6	103	35.6	16.9	42.9

3. 洞庭湖区

2017年洞庭湖区主要水文控制站实测水沙特征值与多年平均值、近10年平均值及2016年值的比较见表1-3和图1-3。

2017年洞庭湖区主要水文控制站实测径流量与多年平均值比较，资水桃江站和沅江桃源站分别偏大12%和19%，湘江湘潭站和澧水石门站基本持平；荆江河段松滋口、太平口和藕池口区域（以下简称三口）各站偏小14%～96%；洞庭湖湖口城陵矶站基本持平。与近10年平均值比较，2017年桃江站和桃源站实测径流量分别偏大19%和16%，湘潭站和石门站基本持平；荆江三口新江口站偏大6%，沙道观站和藕池（管）站基本持平，弥陀寺站和藕池（康）站分别偏小29%和67%；城陵矶站偏大11%。与上年度比较，2017年湘潭、桃源和石门各站实测径流量分别减小23%、7%和22%，桃江站基本持平；荆江三口新江口站基本持平，沙道观、弥陀寺、藕池（康）和藕池（管）各站减小10%～71%；城陵矶站减小11%。

表 1-3　洞庭湖区主要水文控制站实测水沙特征值对比表

河流		湘江	资水	沅江	澧水	松滋河(西)	松滋河(东)	虎渡河	安乡河	藕池河	洞庭湖湖口
水文控制站		湘潭	桃江	桃源	石门	新江口	沙道观	弥陀寺	藕池(康)	藕池(管)	城陵矶
控制流域面积(万平方公里)		8.16	2.67	8.52	1.53						
年径流量(亿立方米)	多年平均	658.0 (1950—2015年)	227.7 (1951—2015年)	640.0 (1951—2015年)	146.7 (1950—2015年)	292.9 (1955—2015年)	98.30 (1955—2015年)	149.3 (1953—2015年)	24.94 (1950—2015年)	302.0 (1950—2015年)	2843 (1951—2015年)
	近10年平均	656.6	214.2	655.6	143.8	239.2	50.88	79.18	3.042	101.3	2490
	2016年	873.1	266.3	822.7	190.7	257.6	55.85	69.60	3.560	121.0	3119
	2017年	673.2	255.8	761.9	148.1	252.4	50.43	55.90	1.019	96.48	2776
年输沙量(万吨)	多年平均	909 (1953—2015年)	183 (1953—2015年)	940 (1952—2015年)	500 (1953—2015年)	2690 (1955—2015年)	1080 (1955—2015年)	1470 (1954—2015年)	336 (1956—2015年)	4240 (1956—2015年)	3810 (1951—2015年)
	近10年平均	480	61.8	130	105	238	70.6	77.6	5.21	173	2170
	2016年	510	148	159	278	191	35.4	32.6	2.44	155	2460
	2017年	619	214	378	25.2	105	14.8	15.0	0.425	45.0	1610
年平均含沙量(千克/立方米)	多年平均	0.139 (1953—2015年)	0.081 (1953—2015年)	0.146 (1952—2015年)	0.342 (1953—2015年)	0.918 (1955—2015年)	1.10 (1955—2015年)	1.02 (1954—2015年)	1.96 (1956—2015年)	1.64 (1956—2015年)	0.134 (1951—2015年)
	2016年	0.058	0.055	0.019	0.146	0.074	0.063	0.047	0.068	0.128	0.079
	2017年	0.092	0.084	0.050	0.017	0.042	0.029	0.027	0.037	0.046	0.058
年平均中数粒径(毫米)	多年平均	0.028 (1987—2015年)	0.034 (1987—2015年)	0.012 (1987—2015年)	0.015 (1987—2015年)	0.008 (1987—2015年)	0.008 (1990—2015年)	0.006 (1990—2015年)	0.009 (1990—2015年)	0.011 (1987—2015年)	0.005 (1987—2015年)
	2016年	0.019	0.018	0.015	0.032	0.016	0.014	0.016	0.015	0.018	0.008
	2017年	0.035	0.021	0.019	0.033	0.025	0.018	0.018	0.019	0.023	0.010
输沙模数[吨/(年·平方公里)]	多年平均	111 (1953—2015年)	68.5 (1953—2015年)	110 (1952—2015年)	327 (1953—2015年)						
	2016年	62.5	55.3	18.7	182						
	2017年	75.8	80.0	44.4	16.5						

2017年洞庭湖区主要水文站实测输沙量与多年平均值比较，桃江站偏大17%，湘潭、桃源和石门各站分别偏小32%、60%和95%；荆江三口各站偏小96%～100%；城陵矶站偏小58%。与近10年平均值比较，2017年湘潭、桃江和桃源各站实测输沙量分别偏大29%、246%和191%，石门站偏小76%；荆江三口各站偏小56%～92%；城陵矶站偏小26%。与上年度比较，2017年湘潭、桃江和桃源各站实测输沙量分别增大21%、45%和138%，石门站减小91%；荆江三口各站减小45%～83%；城陵矶站减小35%。

4. 鄱阳湖区

2017年鄱阳湖区主要水文控制站实测水沙特征值与多年平均值、近10年平均值及2016年值的比较见表1-4和图1-4。

2017年鄱阳湖区主要水文控制站实测径流量与多年平均值比较，修水万家埠站偏大33%，湖口水道湖口站和赣江外洲站基本持平，抚河李家渡、信江梅港和饶河

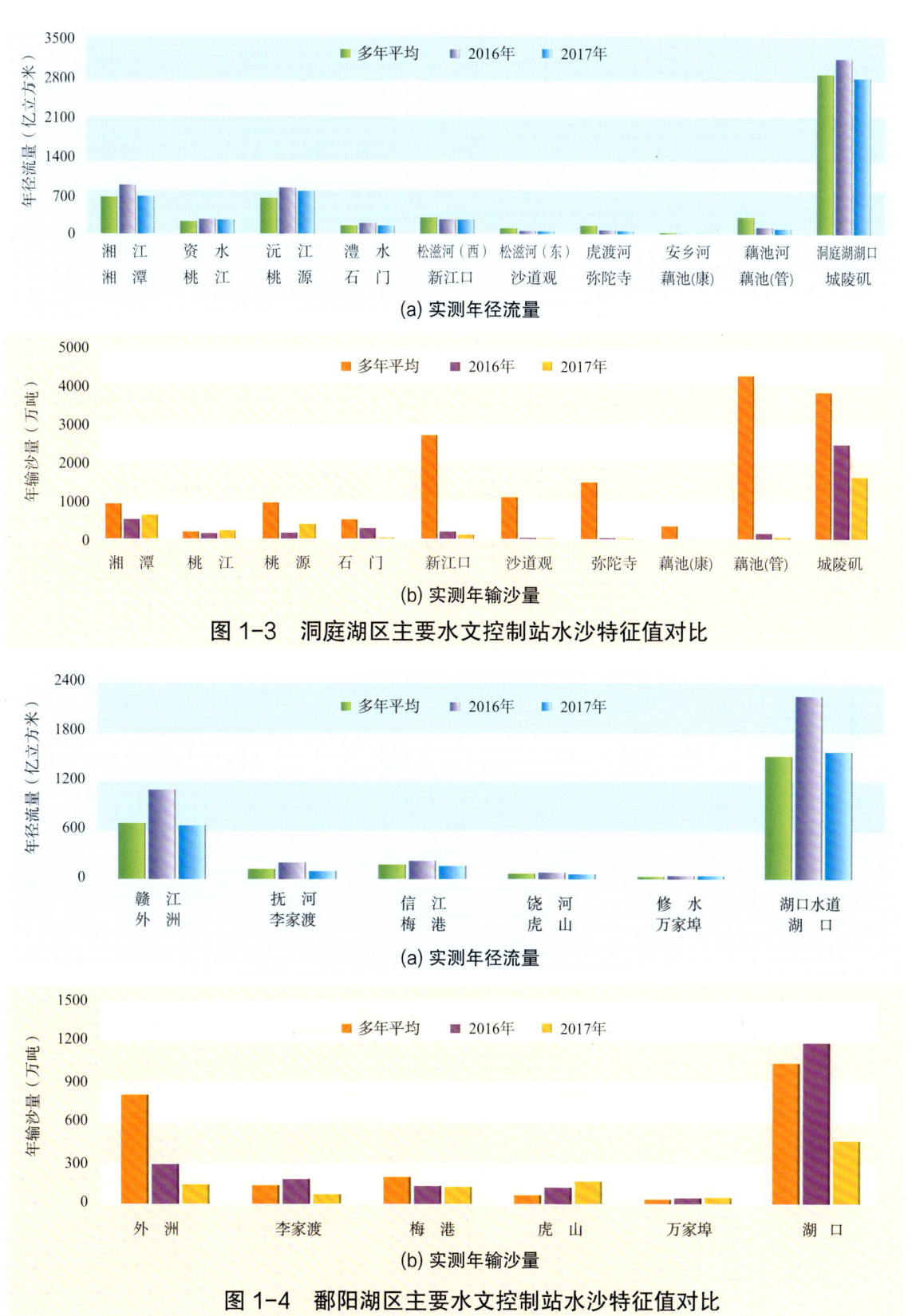

图 1-3 洞庭湖区主要水文控制站水沙特征值对比

图 1-4 鄱阳湖区主要水文控制站水沙特征值对比

虎山各站分别偏小 20%、9% 和 8%；与近 10 年平均值比较，万家埠站偏大 23%，外洲、李家渡、梅港和虎山各站分别偏小 8%、23%、18% 和 14%，湖口站基本持平；与上年度比较，万家埠站基本持平，外洲、李家渡、梅港、虎山和湖口各站分别偏小 40%、51%、27%、25% 和 30%。

表 1-4 鄱阳湖区主要水文控制站实测水沙特征值对比表

河流		赣江	抚河	信江	饶河	修水	湖口水道
水文控制站		外洲	李家渡	梅港	虎山	万家埠	湖口
控制流域面积（万平方公里）		8.09	1.58	1.55	0.64	0.35	16.22
年径流量（亿立方米）	多年平均	683.4 (1950—2015年)	128.0 (1953—2015年)	181.7 (1953—2015年)	71.76 (1953—2015年)	35.42 (1953—2015年)	1507 (1950—2015年)
	近10年平均	716.5	133.3	201.5	76.51	38.47	1628
	2016年	1094	207.0	227.3	87.94	46.88	2241
	2017年	658.0	102.3	165.7	66.01	47.13	1563
年输沙量（万吨）	多年平均	804 (1956—2015年)	137 (1956—2015年)	198 (1955—2015年)	64.4 (1956—2015年)	34.8 (1957—2015年)	1040 (1952—2015年)
	近10年平均	222	123	126	126	27.1	1020
	2016年	294	184	133	122	46.1	1190
	2017年	142	69.7	125	166	48.2	465
年平均含沙量（千克/立方米）	多年平均	0.119 (1956—2015年)	0.110 (1956—2015年)	0.110 (1955—2015年)	0.092 (1956—2015年)	0.100 (1957—2015年)	0.069 (1952—2015年)
	2016年	0.027	0.089	0.059	0.138	0.099	0.054
	2017年	0.021	0.068	0.075	0.252	0.103	0.032
年平均中数粒径（毫米）	多年平均	0.049 (1987—2015年)	0.052 (1987—2015年)	0.016 (1987—2015年)			0.005 (2006—2015年)
	2016年	0.008	0.010	0.010			0.009
	2017年	0.008	0.012	0.010			0.009
输沙模数[吨/(年·平方公里)]	多年平均	99.0 (1956—2015年)	87.0 (1956—2015年)	127 (1955—2015年)	101 (1956—2015年)	98.0 (1957—2015年)	64.1 (1952—2015年)
	2016年	36.3	116	85.6	191	130	73.4
	2017年	17.5	44.1	80.5	260	136	28.7

2017 年鄱阳湖区主要水文控制站实测输沙量与多年平均值比较，虎山站和万家埠站分别偏大 158% 和 39%，外洲、李家渡、梅港和湖口各站分别偏小 82%、49%、37% 和 55%；与近 10 年平均值比较，虎山站和万家埠站分别偏大 32% 和 78%，梅港站基本持平，外洲、李家渡和湖口各站分别偏小 36%、43% 和 54%；与上年值比较，虎山站增大 36%，万家埠站基本持平，外洲、李家渡、梅港和湖口各站分别减小 52%、62%、6% 和 61%。

2017 年 10 月 4 日至 10 月 18 日鄱阳湖湖口水道湖口站发生倒灌，最大倒灌流量和输沙量均出现在 10 月 11 日，倒灌总径流量为 21.64 亿立方米，倒灌总输沙量为 23.1 万吨。

（二）径流量与输沙量年内变化

1. 长江干流

2017 年长江干流主要水文控制站逐月径流量与输沙量的变化见图 1-5。2017 年

图 1-5 2017 年长江干流主要水文控制站逐月径流量与输沙量变化

长江干流主要水文控制站直门达、石鼓、向家坝、朱沱、寸滩、宜昌、沙市、汉口和大通各站径流量和输沙量主要集中在5—10月，分别占全年的66%～87%和73%～99%。

2. 长江主要支流

2017年长江主要支流水文控制站逐月径流量与输沙量的变化见图1-6。2017年长江主要支流水文控制站桐子林、高场、北碚、武隆和皇庄各站径流量和输沙量主要集中在5—10月，分别占全年的65%～76%和95%～98%。

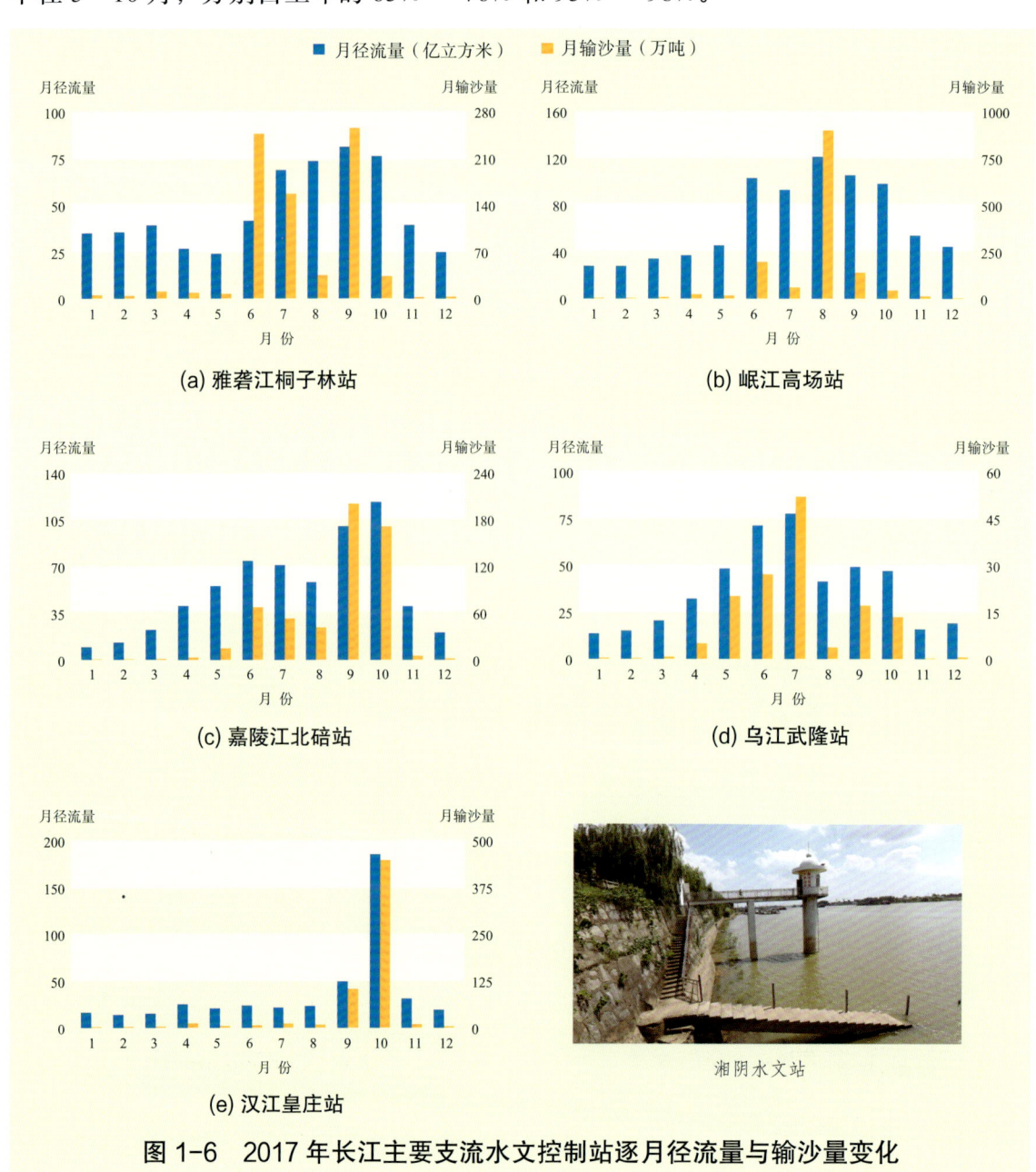

图1-6　2017年长江主要支流水文控制站逐月径流量与输沙量变化

3. 洞庭湖区和鄱阳湖区

2017年洞庭湖区和鄱阳湖区主要水文控制站逐月径流量与输沙量的变化见图1-7。2017年洞庭湖区和鄱阳湖区各站径流量和输沙量主要集中在3—8月，分别占全年的72%～86%和61%～100%。湖口站输沙量10月为负值，系长江来水倒灌影响所致。

图1-7　2017年洞庭湖区和鄱阳湖区主要水文控制站逐月径流量与输沙量变化

三、重点河段冲淤变化

（一）重庆主城区河段

1. 冲淤变化

重庆主城区河段是指长江干流大渡口至铜锣峡的干流河段（长约40公里）和嘉陵江井口至朝天门的嘉陵江河段（长约20公里），嘉陵江在朝天门从左岸汇入长江，重庆主城区河段河道示意图见《中国河流泥沙公报2002》图1-12。

重庆主城区河段位于三峡水库变动回水区上段，2008年三峡水库进行175米试验性蓄水后，受上游来沙变化及人类活动的影响，全河段2008年9月中旬至2017年12月累积冲刷量为1789.3万立方米。其中，嘉陵江汇合口以下的长江干流河段冲刷150.1万立方米，汇合口以上长江干流河段冲刷1398.6万立方米，嘉陵江段冲刷240.6万立方米。

2016年12月至2017年12月，重庆主城区河段总体为冲刷，冲刷量为136.0万立方米。其中，重庆主城区嘉陵江汇合口以下的长江干流河段淤积57.8万立方米，汇合口以上长江干流河段冲刷195.0万立方米，嘉陵江段淤积1.2万立方米。局部重点河段九龙坡、猪儿碛和金沙碛各河段均表现为冲刷，仅寸滩河段略有淤积。具体见表1-5及图1-8。

表1-5　重庆主城区河段冲淤量　　　　　　　　　　　　　　单位：万立方米

河段名称 计算时段	局部重点河段 九龙坡	猪儿碛	寸滩	金沙碛	长江干流 汇合口（CY15）以上	汇合口（CY15）以下	嘉陵江	全河段
2008年9月至2016年12月	−202.5	+9.9	+15.7	−25.1	−1203.6	−207.9	−241.8	−1653.3
2016年12月至2017年6月	+4.3	−25.9	+3.5	−7.7	−112.8	+25.6	−17.2	−104.4
2017年6月至2017年10月	−12.4	−3.8	−6.2	−1.3	−82.3	−8.2	+28.8	−61.7
2017年10月至2017年12月	−5.3	−1.6	+5.5	+0.6	+0.1	+40.4	−10.4	+30.1
2016年12月至2017年12月	−13.4	−31.3	+2.8	−8.4	−195.0	+57.8	+1.2	−136.0
2008年9月至2017年12月	−215.9	−21.4	+18.5	−33.5	−1398.6	−150.1	−240.6	−1789.3

注　1."+"表示淤积，"−"表示冲刷。
　　2. 九龙坡、猪儿碛和寸滩各河段分别为长江九龙坡港区、汇合口上游干流港区和寸滩新港区，计算河段长度分别为2364米、3717米、2578米；金沙碛河段为嘉陵江口门段（朝天门附近），计算河段长度为2671米。

2. 典型断面冲淤变化

在天然情况下，重庆主城区河段横断面年内变化主要表现为汛前冲刷、汛期淤积、汛后冲刷，年际间无明显单向性的冲深或淤高现象。三峡水库175米试验性蓄水以来，长江干流和嘉陵江典型断面年际间河床断面形态变化较小，局部有一定的冲淤变化（图1-9），年内有冲有淤（图1-10），局部受采砂影响高程有所下降。

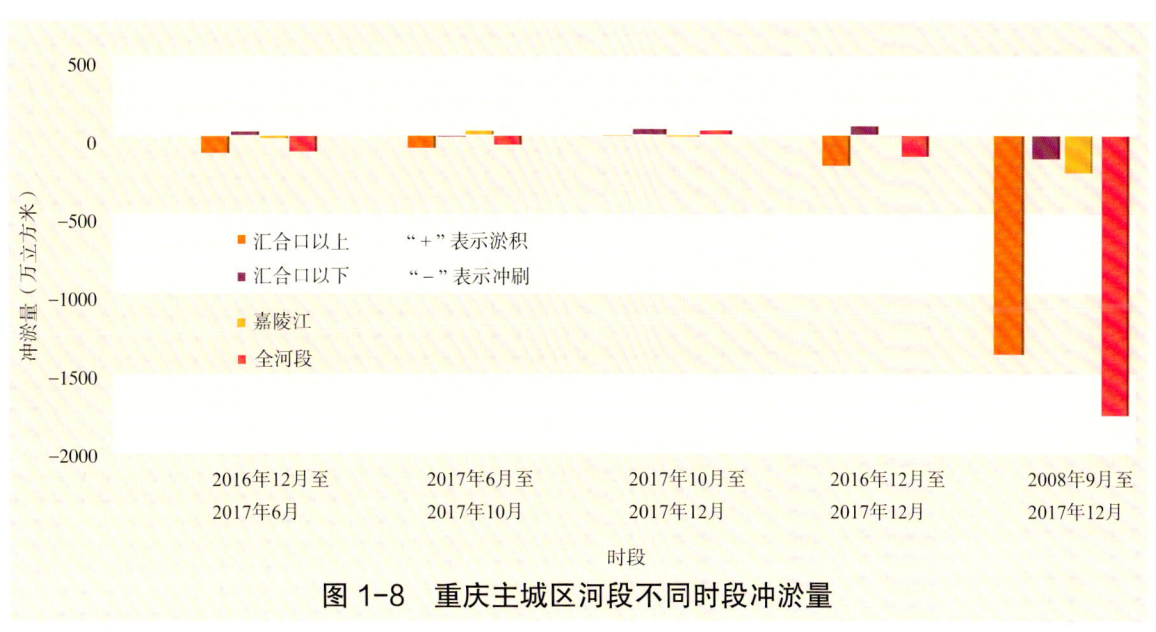

图 1-8 重庆主城区河段不同时段冲淤量

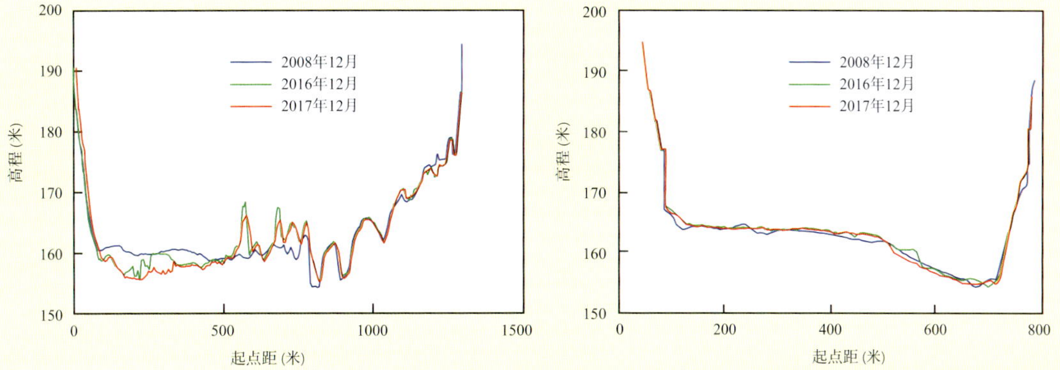

(a) CY31 断面　　(b) CY45 断面

图 1-9 重庆主城区河段典型断面年际冲淤变化

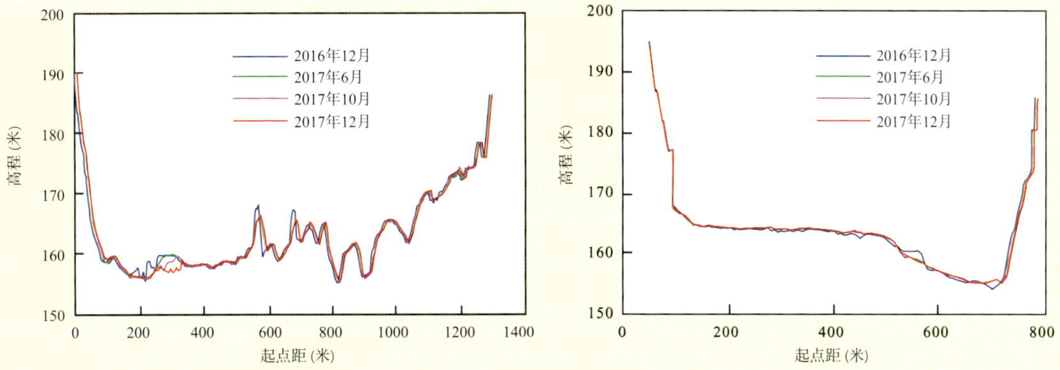

(a) CY31 断面　　(b) CY45 断面

图 1-10 重庆主城区河段典型断面年内冲淤变化

3. 河道深泓纵剖面变化

重庆主城区河段深泓纵剖面有冲有淤，2016—2017 年年际间及 2017 年年内深泓冲淤幅度一般在 1.0 米以内。深泓纵剖面变化见图 1-11。

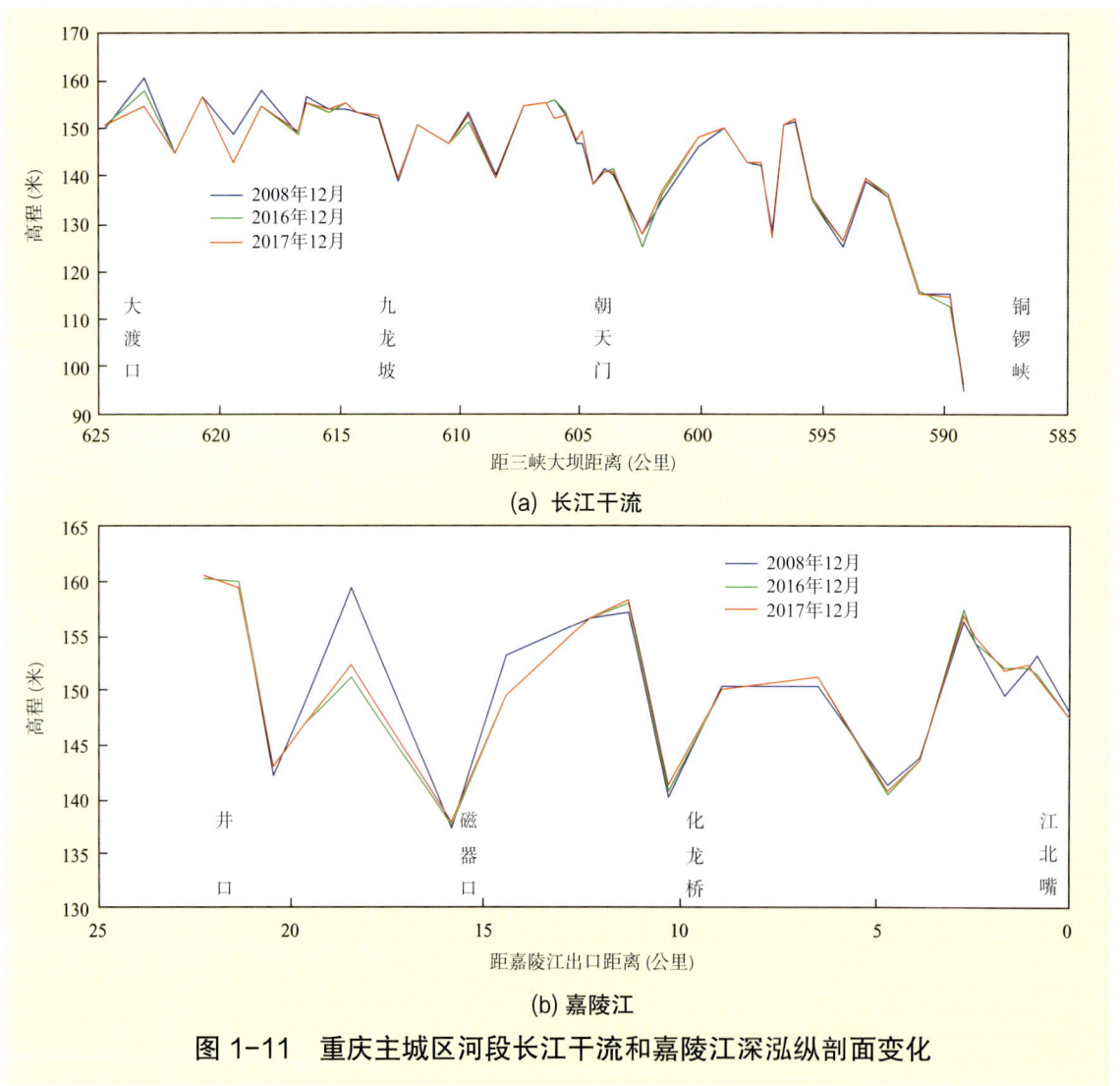

图 1-11　重庆主城区河段长江干流和嘉陵江深泓纵剖面变化

（二）荆江河段

1. 河段概况

荆江河段上起湖北省枝城镇、下讫湖南省城陵矶，流经湖北省的枝江、松滋、荆州、公安、沙市、江陵、石首、监利和湖南省的华容、岳阳等县（区、市），全长 347.2 公里。其间以藕池口为界，分为上荆江和下荆江。上荆江长约 171.7 公里，下荆江长约 175.5 公里，荆江河段河道示意图见《中国河流泥沙公报 2009》图 1-8。

2. 冲淤变化

受三峡水库拦沙、长江上游来沙减少及河道采砂等因素综合影响，2002年10月至2017年10月，荆江河段河床持续冲刷，其平滩河槽总冲刷量为10.5087亿立方米，其中2016年10月至2017年10月平滩河槽冲刷量为1.1303亿立方米，且冲刷主要集中在枯水河槽。荆江河段冲淤量变化见表1-6及图1-12。

表1-6 荆江河段冲淤量　　　　　　　　　　　　　　　　　　　　单位：万立方米

河段	时段	冲淤量 枯水河槽	冲淤量 基本河槽	冲淤量 平滩河槽
上荆江	2002年10月至2015年10月	-44197	-45522	-47758
	2015年10月至2016年10月	-7979	-8105	-8258
	2016年10月至2017年10月	-6414	-6466	-6557
	2002年10月至2017年10月	-58590	-60093	-62573
下荆江	2002年10月至2015年10月	-29320	-31610	-35420
	2015年10月至2016年10月	-2531	-2368	-2346
	2016年10月至2017年10月	-4268	-4488	-4746
	2002年10月至2017年10月	-36119	-38466	-42512
荆江河段	2002年10月至2015年10月	-73518	-77132	-83180
	2015年10月至2016年10月	-10510	-10473	-10604
	2016年10月至2017年10月	-10681	-10954	-11303
	2002年10月至2017年10月	-94709	-98559	-105087

注 1."+"表示淤积，"-"表示冲刷。
　　2.枯水河槽、基本河槽和平滩河槽分别指宜昌站流量5000立方米/秒、10000立方米/秒和30000立方米/秒对应水面线下的河床。

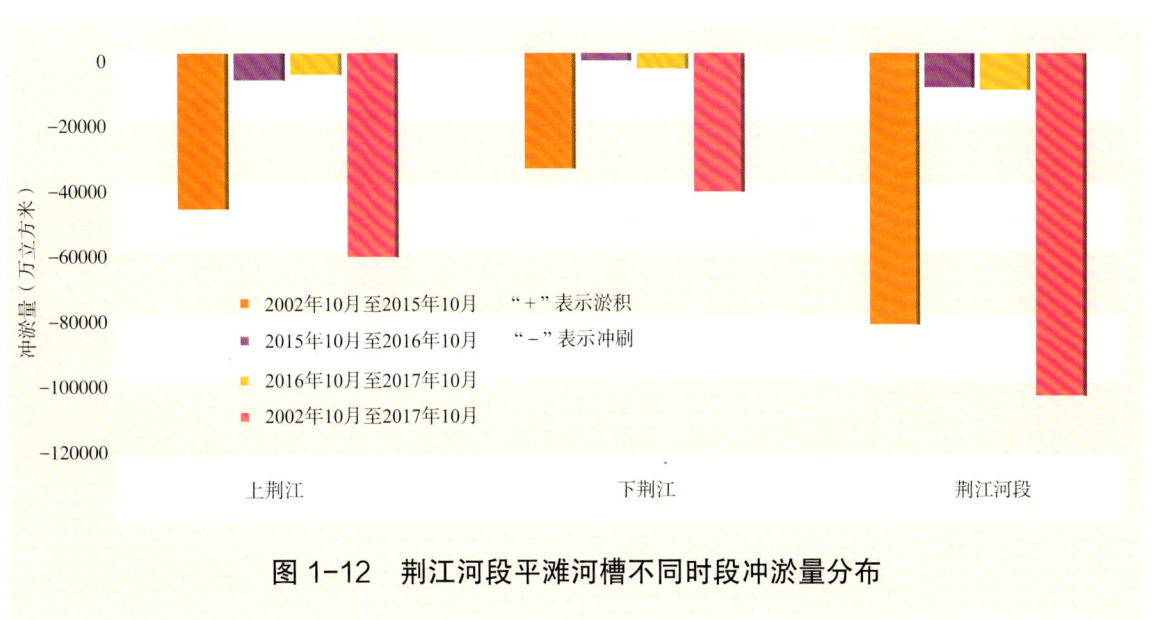

图1-12 荆江河段平滩河槽不同时段冲淤量分布

3. 典型断面冲淤变化

荆江河段断面形态多为不规则的W形、偏V形或U形，三峡水库蓄水运用以来河床冲淤变形以主河槽冲刷下切为主，顺直段断面变化相对洲滩段及弯道段小，如三八滩、金城洲、石首弯道、乌龟洲等段滩槽交替冲淤变化较大。上荆江滩槽冲淤变化频繁，洲滩冲刷萎缩，如董5断面；但受护岸工程影响，两岸岸坡变化较小，如荆56断面。下荆江河槽冲淤变化较大，如荆145断面。典型断面冲淤变化见图1-13。

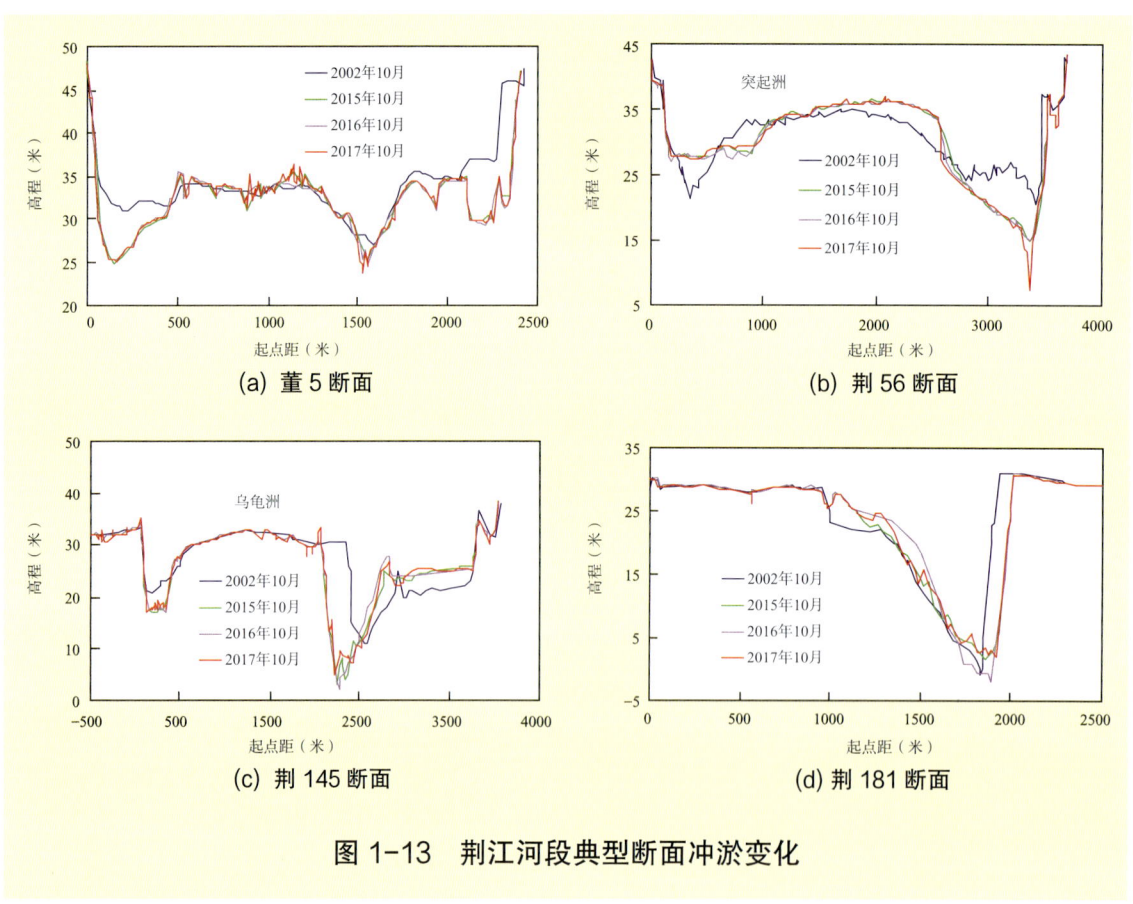

图1-13　荆江河段典型断面冲淤变化

4. 纵剖面冲淤变化

三峡水库蓄水运用以来，荆江河道深泓纵剖面冲淤交替（图1-14）。顺直段深泓高程变化相对较小，弯道、汊道段或弯道汊道上游过渡段深泓冲刷深度较大，如关洲汊道左汊、董市洲右汊、太平口心滩、三八滩、金城洲、乌龟洲等段深泓高程降低幅度较大。

2002年10月至2017年10月，荆江纵向深泓以冲刷为主，平均冲刷深度为2.87米，最大冲刷深度为17.3米，最大冲刷深度位于调关河段的荆120断面（距葛洲坝距离264.7公里）。

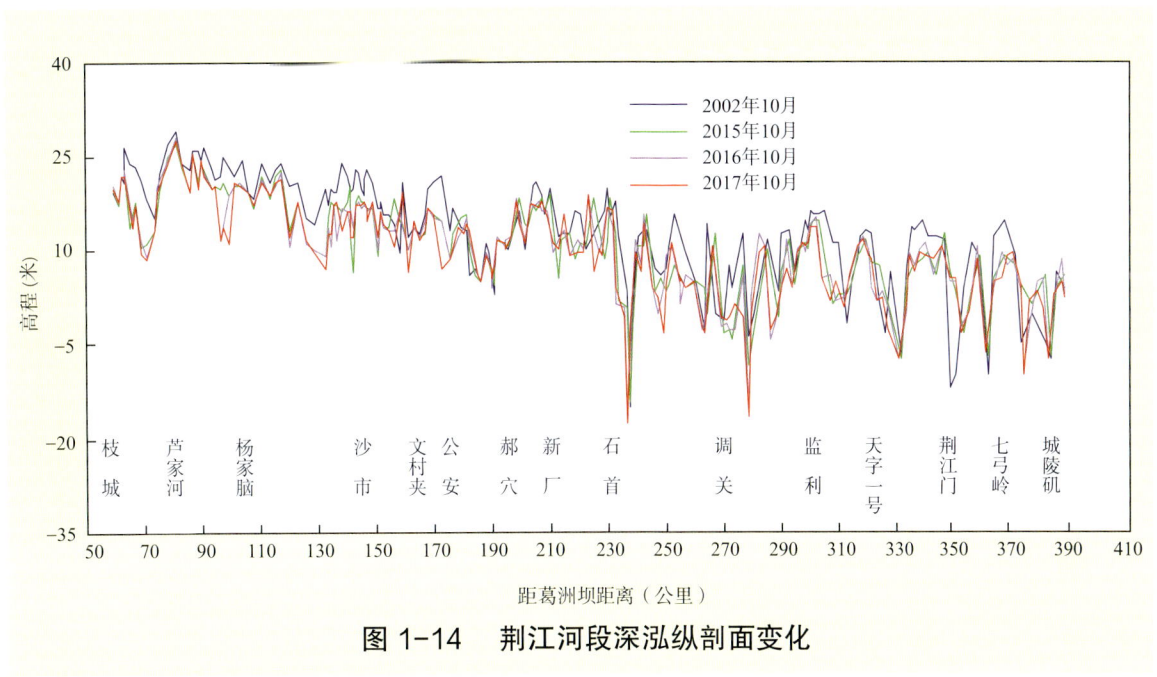

图 1-14 荆江河段深泓纵剖面变化

（三）城陵矶至汉口河段

1. 河段概况

城陵矶至汉口河段（以下简称城汉河段）位于长江中游，上起湖南省城陵矶（荆186 断面），下迄湖北省武汉市（汉口水文站测流断面附近），全长 251 公里。城汉河段承接长江干流荆江河段和洞庭湖来水，左岸有东荆河、汉江等支流，右岸有陆水、金水等支流入汇。河段内有城陵矶以下河段曲折率最大的簰洲弯道。河段沿程分布有南门洲、中洲、团洲、白沙洲等江心洲。城汉河段河道示意图见《中国河流泥沙公报 2010》图 1-12。

2. 冲淤变化

受上游来沙量大幅减少和三峡水库拦沙等因素综合影响，2003 年 11 月至 2017 年 11 月，城汉河段总体为冲刷，平滩河槽冲刷量为 3.3673 亿立方米，且主要集中在枯水河槽，枯水位和平滩水位之间河床有所淤积。其中 2016 年 11 月至 2017 年 11 月，城汉河段平滩河槽淤积量为 0.767 亿立方米。城汉河段不同时段冲淤量见表 1-7，不同时段平滩河槽冲淤量沿程分布见图 1-15。

3. 典型断面冲淤变化

城汉河段断面多为不规则的偏 V 形、偏 W 形或偏 U 形，河床冲淤交替，嘉鱼以上冲槽淤滩现象较为明显。分汊河段和弯曲性河段断面河床冲淤变化一般较大，如

表 1-7 城汉河段冲淤量   单位：万立方米

计算时段	冲淤量 枯水河槽	冲淤量 基本河槽	冲淤量 平滩河槽
2003 年 11 月至 2015 年 11 月	-23393	-22694	-20106
2015 年 11 月至 2016 年 11 月	-19617	-21192	-21236
2016 年 11 月至 2017 年 11 月	+7628	+8018	+7669
2003 年 11 月至 2017 年 11 月	-35382	-35868	-33673

注 1."+"表示淤积，"-"表示冲刷。
  2. 枯水河槽、基本河槽和平滩河槽分别指螺山站流量 7000 立方米 / 秒、20000 立方米 / 秒和 35000 立方米 / 秒对应水面线下的河床。

图 1-15 城汉河段不同时段平滩河槽冲淤量分布

LSZX、JZ3-1、CZ30 等断面；顺直单一河段断面冲淤变化相对较小，断面形态较为稳定，如 HL13 等断面。典型断面冲淤变化见图 1-16。

4. 纵剖面冲淤变化

2003 年 11 月至 2017 年 11 月，城汉河段深泓纵剖面冲淤交替，总体以冲刷下切为主，其中汊道洲滩段、过渡段以及桥梁附近等深泓冲刷深度较大，如南门洲头、武汉长江大桥等附近深泓最大冲深分别为 13.9 米和 3.7 米；弯道段附近则有所淤积，如簰洲湾附近深泓最大淤高 4.1 米；其余冲淤幅度相对较小。城汉河段深泓纵剖面变化见图 1-17。

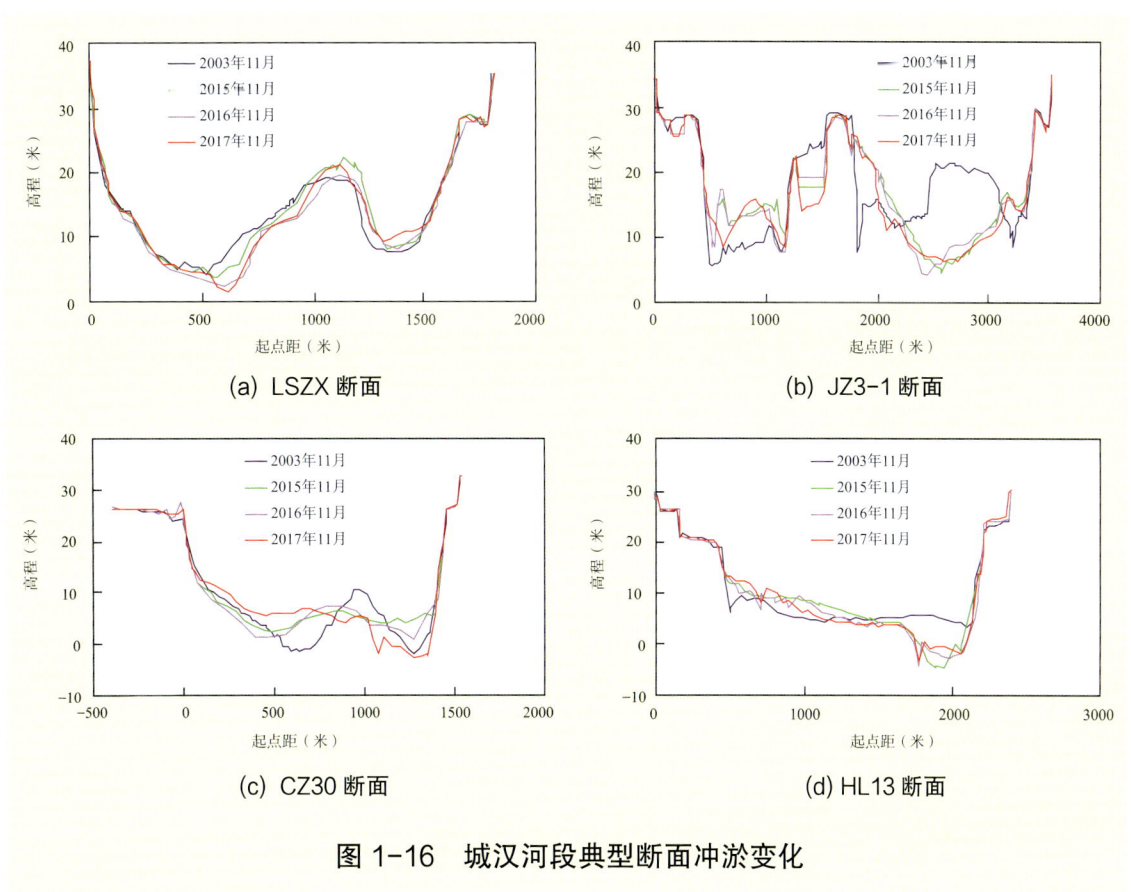

图 1-16 城汉河段典型断面冲淤变化

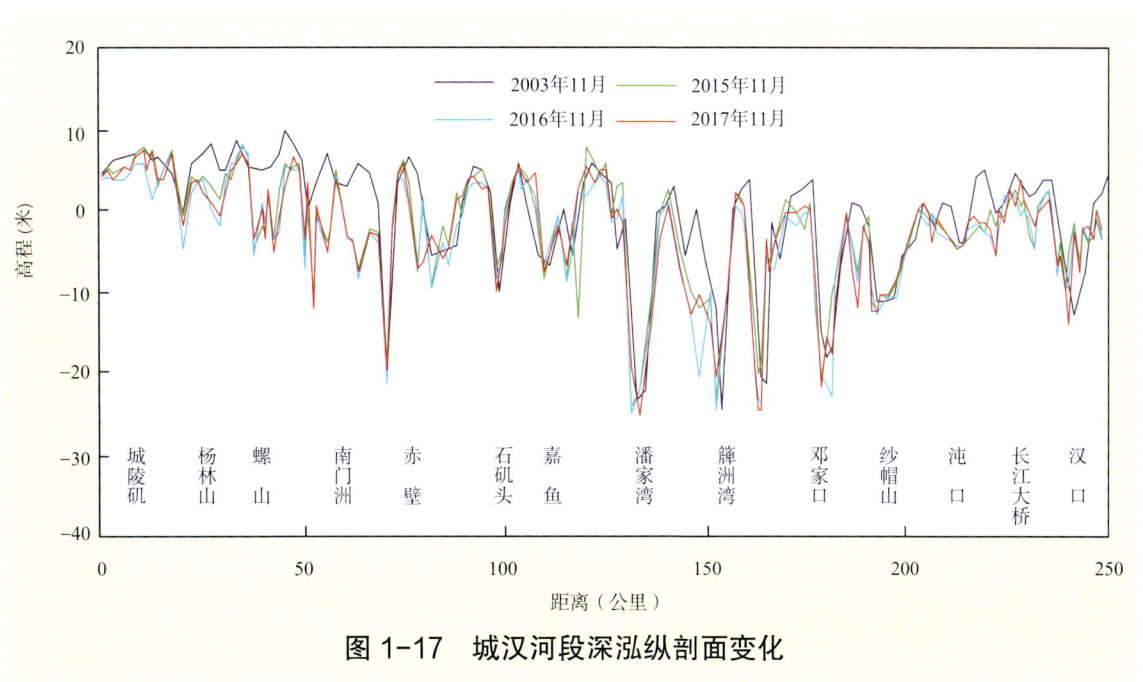

图 1-17 城汉河段深泓纵剖面变化

四、三峡水库冲淤变化

（一）进出库水沙量

2017年1月1日起三峡水库坝前水位由172.23米（吴淞基面，下同）逐步消落，至6月10日消落至145.35米，随后转入汛期运行，9月10日起进行175米试验性蓄水，当时坝前水位为153.53米，至10月21日水库坝前水位达到175米。2017年三峡入库径流量和输沙量（朱沱站、北碚站和武隆站三站之和）分别为3728亿立方米和0.344亿吨，与2003—2016年的平均值相比，年径流量基本持平，年输沙量偏小79%。

三峡水库出库控制站黄陵庙水文站2017年径流量和输沙量分别为4365亿立方米和0.0323亿吨。宜昌站2017年径流量和输沙量分别为4403亿立方米和0.0331亿吨，与2003—2016年的平均值相比，年径流量偏大9%，年输沙量偏小91%。

（二）水库淤积量

在不考虑区间来沙的情况下，库区淤积量为三峡水库入库与出库沙量之差。2017年三峡库区淤积泥沙0.312亿吨，水库排沙比为9%。2017年三峡水库淤积量年内变化见图1-18。

图1-18　2017年三峡水库淤积量年内变化

2003年6月三峡水库蓄水运用以来至2017年12月，入库悬移质泥沙21.9亿吨，出库（黄陵庙站）悬移质泥沙5.23亿吨，不考虑三峡库区区间来沙，水库淤积泥沙16.7亿吨，水库排沙比为24%。

（三）水库典型断面冲淤变化

三峡水库蓄水运用以来，变动回水区总体冲刷，泥沙淤积主要集中在涪陵以下的常年回水区。库区断面以主槽淤积为主，沿程则以宽谷段淤积为主，占总淤积量的 94%，如 S113 和 S207 等断面；窄深段淤积相对较少或略有冲刷，如位于瞿塘峡的 S109 断面。三峡水库典型断面冲淤变化见图 1-19。

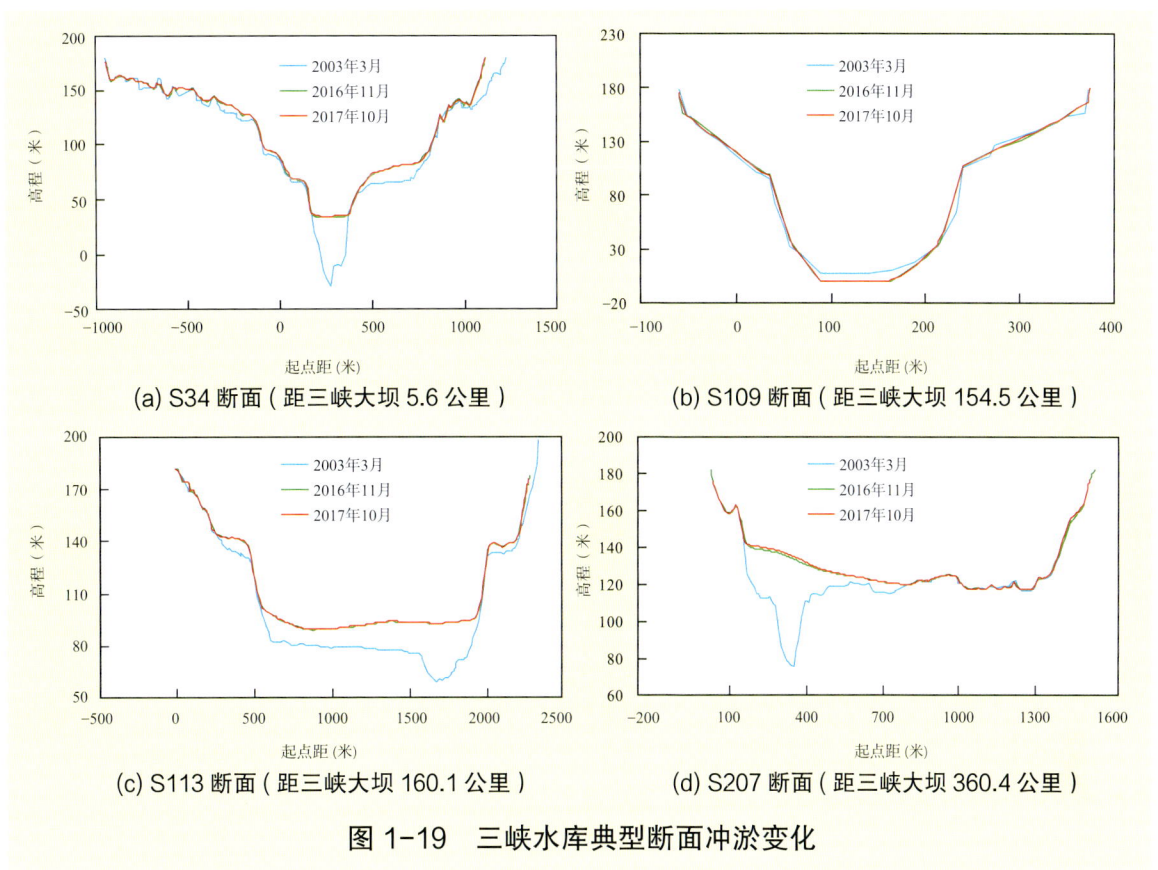

图 1-19　三峡水库典型断面冲淤变化

五、重要泥沙事件

（一）长江干流河道及洞庭湖、鄱阳湖湖区采砂

2017 年在长江干流河道内共有行政许可采砂 45 项，许可采砂总量约 5074 万吨。其中，宜昌以上长江上游河道 19 项，采砂总量约 125 万吨；宜昌以下长江中下游河道 26 项，采砂总量约 4949 万吨。按用途分，建筑砂料开采 20 项，采砂量约 185 万吨；吹填造地等其他砂料开采 24 项，采砂量约 4724 万吨；堤防吹填固基类采砂 1 项，采砂量约 165 万吨。按省份分，重庆市 19 项，采砂量约 125 万吨；湖北省 6 项，采砂量约 214 万吨；江西省 1 项，采砂量约 165 万吨；江苏省 17 项，采砂量约 3085 万吨；上海市 2 项，采砂量约 1485 万吨。

2017 年鄱阳湖区共有行政许可采砂 4 项，许可采砂量约 3190 万吨；洞庭湖区共有行政许可采砂 1 项，许可采砂量约 68 万吨。

（二）长江干流局部河段发生严重的崩岸险情

2016年12月至2017年11月底，长江干流、主要支流共发生河道崩岸87处，崩岸长度30316米。其中，最严重的崩岸险情为2017年11月8日江苏省扬中市长江干堤三茅街道指南村河段发生的窝崩。崩岸形态呈"Ω"形，崩长约540米，最大坍进约190米，致使440米长江干堤和9户民房坍失。

扬中市三茅街道指南村河段崩岸

黄河口湿地

第二章 黄河

一、概述

2017年黄河干流主要水文控制站实测径流量与多年平均值比较，各站偏小7%~69%；与近10年平均值比较，各站偏小7%~44%；与上年度比较，龙门站基本持平，其他站增大7%~36%。2017年实测输沙量与多年平均值比较，各站偏小39%~99%；与近10年平均值比较，龙门站偏大13%，其他站偏小6%~91%；与上年度比较，花园口站基本持平，兰州、龙门和利津各站减小10%~42%，其他站增大6%~73%。

2017年黄河主要支流水文控制站实测径流量与多年平均值比较，无定河白家川站基本持平，其他站偏小20%~98%；与近10年平均值比较，窟野河温家川站和白家川站分别偏大27%和20%，延河甘谷驿站和渭河华县站基本持平，其他站偏小6%~92%；与上年度比较，白家川站基本持平，皇甫川皇甫站和温家川站分别减小97%和32%，其他站增大20%~70%。2017年实测输沙量与多年平均值比较，各站偏小15%~100%；与近10年平均值比较，白家川站和北洛河洑头站分别增大366%和18%，其他站减小9%~100%；与上年度比较，洮河红旗站和白家川站分别增大31%和511%，温家川站从0.000增大到0.008亿吨，华县站基本持平，其他站减小32%~100%。

2016年10月至2017年10月，内蒙古河段典型水文站断面总体略有冲刷；黄河下游河道各河段均为冲刷，总冲刷量为0.458亿立方米。2017年黄河下游总引水量为102.3亿立方米，总引沙量为848万吨。

2016年10月至2017年10月，三门峡水库库区表现为淤积，总淤积量为0.275亿立方米；小浪底水库库区表现为淤积，总淤积量为1.163亿立方米。2017年无定河发生"7·26"高含沙洪水，黄河小北干流发生"揭河底"现象。

二、径流量与输沙量

（一）2017 年实测水沙特征值

1. 黄河干流

2017 年黄河干流主要水文控制站实测水沙特征值与多年平均值、近 10 年平均值及 2016 年值的比较见表 2-1 和图 2-1。

2017 年黄河干流主要水文控制站实测径流量与多年平均值比较，各站偏小 7%～69%，其中唐乃亥、兰州、艾山和利津各站分别偏小 7%、17%、57% 和 69%；与近 10 年平均值比较，各站偏小 7%～44%，其中唐乃亥、兰州、艾山和利津各站分

表 2-1　黄河干流主要水文控制站实测水沙特征值对比表

水文控制站		唐乃亥	兰 州	头道拐	龙 门	潼 关	花园口	高 村	艾 山	利 津
控制流域面积（万平方公里）		12.20	22.26	36.79	49.76	68.22	73.00	73.41	74.91	75.19
年径流量（亿立方米）	多年平均	200.6 (1950—2015年)	309.2 (1950—2015年)	215.0 (1950—2015年)	258.1 (1950—2015年)	335.5 (1952—2015年)	373.0 (1950—2015年)	331.6 (1952—2015年)	330.9 (1952—2015年)	292.8 (1952—2015年)
	近10年平均	199.6	296.5	174.3	189.0	235.8	260.0	237.9	214.6	159.4
	2016 年	136.4	235.6	113.1	139.6	165.0	178.8	154.7	133.5	81.88
	2017 年	186.1	255.5	127.9	146.7	197.7	193.5	167.0	142.2	89.58
年输沙量（亿吨）	多年平均	0.119 (1956—2015年)	0.633 (1950—2015年)	1.00 (1950—2015年)	6.76 (1950—2015年)	9.78 (1952—2015年)	8.36 (1950—2015年)	7.49 (1952—2015年)	7.23 (1952—2015年)	6.74 (1952—2015年)
	近10年平均	0.087	0.139	0.422	0.943	1.39	0.580	0.887	0.990	0.829
	2016 年	0.042	0.154	0.163	1.19	1.08	0.060	0.177	0.195	0.106
	2017 年	0.073	0.089	0.188	1.07	1.30	0.058	0.187	0.209	0.077
年平均含沙量（千克/立方米）	多年平均	0.592 (1956—2015年)	2.05 (1950—2015年)	4.67 (1950—2015年)	26.2 (1950—2015年)	29.1 (1952—2015年)	22.4 (1950—2015年)	22.6 (1952—2015年)	21.8 (1952—2015年)	23.0 (1952—2015年)
	2016 年	0.308	0.654	1.44	8.52	6.55	0.336	1.14	1.46	1.29
	2017 年	0.391	0.347	1.47	7.29	6.58	0.300	1.12	1.47	0.860
年平均中数粒径（毫米）	多年平均	0.017 (1984—2015年)	0.016 (1957—2015年)	0.016 (1958—2015年)	0.026 (1956—2015年)	0.021 (1961—2015年)	0.019 (1961—2015年)	0.020 (1954—2015年)	0.021 (1962—2015年)	0.019 (1962—2015年)
	2016 年	0.010	0.008	0.020	0.017	0.010	0.032	0.037	0.041	0.028
	2017 年	0.012	0.011	0.026	0.019	0.014	0.034	0.040	0.058	0.020
输沙模数[吨/(年·平方公里)]	多年平均	97.3 (1956—2015年)	284 (1950—2015年)	273 (1950—2015年)	1360 (1950—2015年)	1430 (1952—2015年)	1150 (1950—2015年)	1020 (1952—2015年)	965 (1952—2015年)	896 (1952—2015年)
	2016 年	34.4	69.2	44.3	239	158	8.22	24.1	26.0	14.1
	2017 年	59.7	39.8	51.1	215	191	7.95	25.5	27.9	10.2

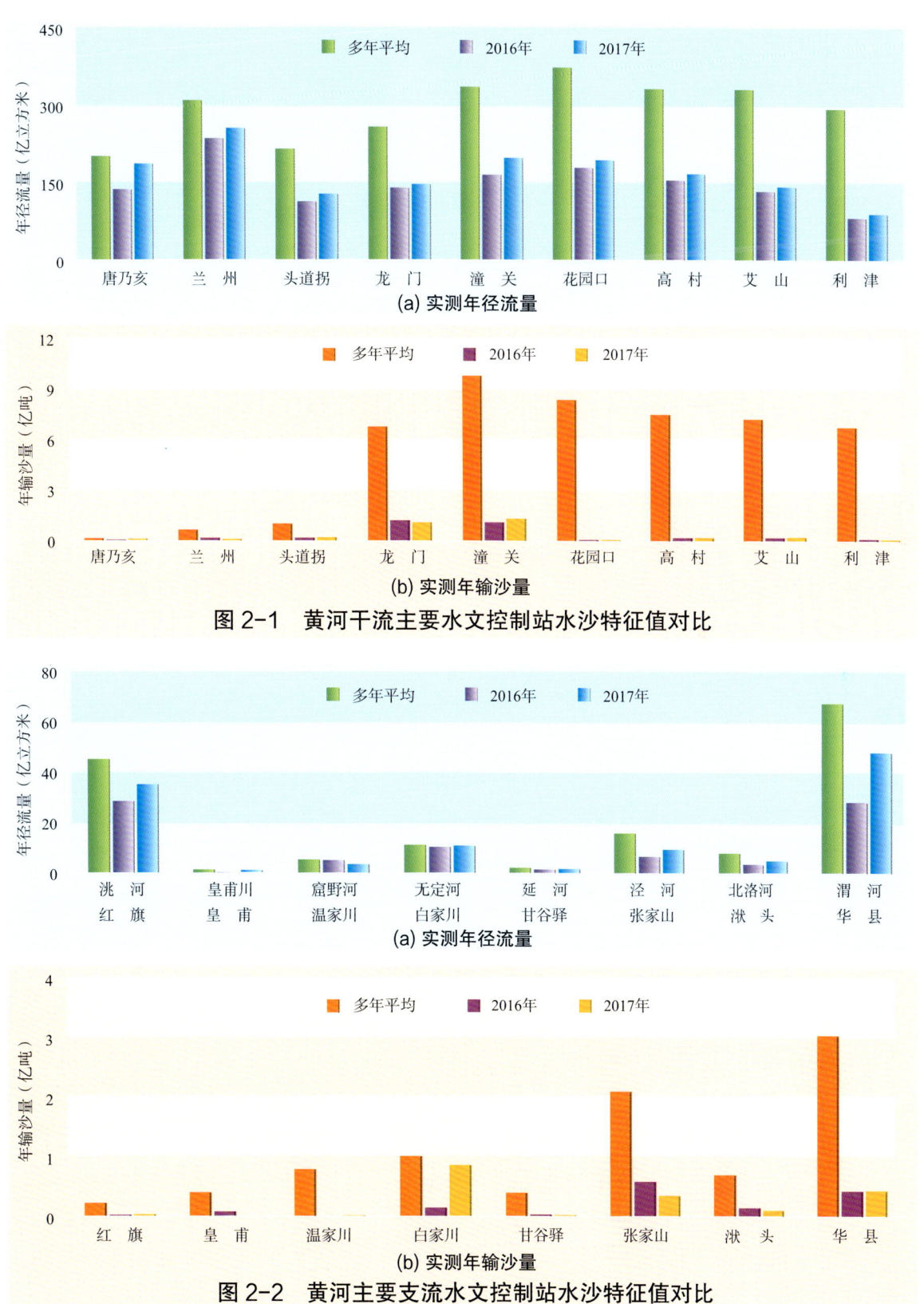

图 2-1 黄河干流主要水文控制站水沙特征值对比

图 2-2 黄河主要支流水文控制站水沙特征值对比

别偏小7%、14%、34%和44%；与上年度比较，龙门站基本持平，其他站增大7%～36%，其中唐乃亥、兰州、潼关、花园口、高村、艾山各站分别增大36%、8%、20%、8%、8%和7%。

2017年黄河干流主要水文控制站实测输沙量与多年平均值比较，各站偏小39%～99%，其中唐乃亥、头道拐、花园口和利津各站分别偏小39%、81%、99%和99%；与近10年平均值比较，龙门站偏大13%，其他站偏小6%～91%，其中唐乃亥、潼关、花园口和利津各站分别偏小16%、6%、90%和91%；与上年度比较，花园口站基本持平，兰州、龙门和利津各站分别减小42%、10%和27%，其他站增大6%～73%，其中唐乃亥、潼关、高村和艾山各站分别增大73%、20%、6%和7%。

2. 黄河主要支流

2017年黄河主要支流水文控制站实测水沙特征值与多年平均值、近10年平均值及2016年值的比较见表2-2和图2-2。

表2-2　黄河主要支流水文控制站实测水沙特征值对比表

河流		洮河	皇甫川	窟野河	无定河	延河	泾河	北洛河	渭河
水文控制站		红旗	皇甫	温家川	白家川	甘谷驿	张家山	洑头	华县
控制流域面积（万平方公里）		2.50	0.32	0.85	2.97	0.59	4.32	2.56	10.65
年径流量（亿立方米）	多年平均	45.10 (1954—2015年)	1.275 (1954—2015年)	5.280 (1954—2015年)	11.07 (1956—2015年)	2.023 (1952—2015年)	15.73 (1950—2015年)	7.877 (1950—2015年)	67.40 (1950—2015年)
	近10年平均	37.44	0.3097	2.701	8.932	1.547	10.06	5.411	49.49
	2016年	28.44	0.8178	4.999	10.23	1.353	6.534	3.474	28.16
	2017年	35.13	0.0248	3.424	10.75	1.627	9.351	4.892	47.91
年输沙量（亿吨）	多年平均	0.215 (1954—2015年)	0.394 (1954—2015年)	0.782 (1954—2015年)	1.00 (1956—2015年)	0.387 (1952—2015年)	2.09 (1950—2015年)	0.690 (1950—2015年)	3.03 (1950—2015年)
	近10年平均	0.035	0.037	0.009	0.182	0.044	0.637	0.078	0.532
	2016年	0.018	0.073	0.000	0.139	0.027	0.579	0.135	0.424
	2017年	0.024	0.000	0.008	0.849	0.015	0.342	0.092	0.429
年平均含沙量（千克/立方米）	多年平均	4.76 (1954—2015年)	309 (1954—2015年)	148 (1954—2015年)	90.6 (1956—2015年)	191 (1952—2015年)	133 (1950—2015年)	87.6 (1956—2015年)	44.9 (1950—2015年)
	2016年	0.629	88.6	0.004	13.6	20.0	88.6	38.9	15.1
	2017年	0.672	4.48	2.34	79.0	9.16	36.6	18.8	8.95
年平均中数粒径（毫米）	多年平均		0.041 (1957—2015年)	0.047 (1958—2015年)	0.031 (1962—2015年)	0.027 (1963—2015年)	0.024 (1964—2015年)	0.027 (1963—2015年)	0.017 (1956—2015年)
	2016年		0.021	0.014	0.024	0.013	0.018	0.011	0.017
	2017年		0.007	0.032	0.027	0.016	0.005	0.010	0.017
输沙模数[吨/(年·平方公里)]	多年平均	860 (1954—2015年)	12400 (1954—2015年)	9190 (1954—2015年)	3380 (1956—2015年)	6570 (1952—2015年)	4830 (1950—2015年)	2690 (1956—2015年)	2840 (1950—2015年)
	2016年	71.6	2270	0.246	468	459	1340	527	398
	2017年	94.4	3.47	94.1	2860	253	792	360	403

2017年黄河主要支流水文控制站实测径流量与多年平均值比较，无定河白家川站基本持平，其他站偏小20%～98%，其中延河甘谷驿、洮河红旗、泾河张家山和皇甫川皇甫各站分别偏小20%、22%、41%和98%；与近10年平均值比较，窟野河温家川站和白家川站分别偏大27%和20%，甘谷驿站和渭河华县站基本持平，其他站偏小6%～92%，其中红旗站和皇甫站分别偏小6%和92%；与上年度比较，白家川站基本持平，皇甫站和温家川站分别减小97%和32%，其他站增大20%～70%，其中甘谷驿、红旗、张家山和华县各站分别增大20%、24%、43%和70%。

2017年黄河主要支流水文控制站实测输沙量与多年平均值比较，各站偏小15%～100%，其中白家川、张家山、温家川和皇甫各站分别偏小15%、84%、99%和近100%；与近10年平均值比较，白家川站和北洛河洑头站分别偏大366%和18%，其他站减小9%～100%，其中温家川、华县、甘谷驿和皇甫各站分别偏小9%、19%、66%和近100%；与上年度比较，红旗站和白家川站分别增大31%和511%，温家川站从0.000增大到0.008亿吨，华县站基本持平，其他站减小32%～100%，其中洑头站和皇甫站分别减小32%和近100%。

（二）径流量与输沙量年内变化

2017年黄河干流主要水文控制站逐月径流量与输沙量的变化见图2-3。2017年黄河干流唐乃亥站径流量和输沙量主要集中在6—10月，分别占全年的69%和96%；受水库调控、引水灌溉等人类活动的影响，其他各站径流量和输沙量年内分布比较均匀，其中头道拐、龙门和潼关各站7—11月分别占全年的51%～56%和75%～94%；花园口站和利津站3—7月径流量分别占全年的56%和45%，3—7月输沙量分别占全年的68%和48%。

三、重点河段冲淤变化

（一）内蒙古河段典型断面冲淤变化

黄河石嘴山、巴彦高勒、三湖河口和头道拐各水文站测流断面的冲淤变化见图2-4。其中，巴彦高勒站和头道拐站为黄海基面，石嘴山站和三湖河口站为大沽高程。

石嘴山站断面2017年汛后与1992年同期相比[图2-4(a)]，主槽河底冲刷，两侧淤积，高程1093.00米以下（汛期历史最高水位以上0.65米）断面面积减小113平方米（起点距52～400米）。2017年汛后与2016年同期相比，左岸略淤，主槽刷深，深泓点降低，高程1093.00米以下断面面积增大约32平方米，总体略有冲刷，且4月3日至6月10日因煤矿施工回填导致断面右岸宽度减小。

巴彦高勒站断面2017年汛后与2014年同期相比[图2-4(b)]，主槽淤积，高程

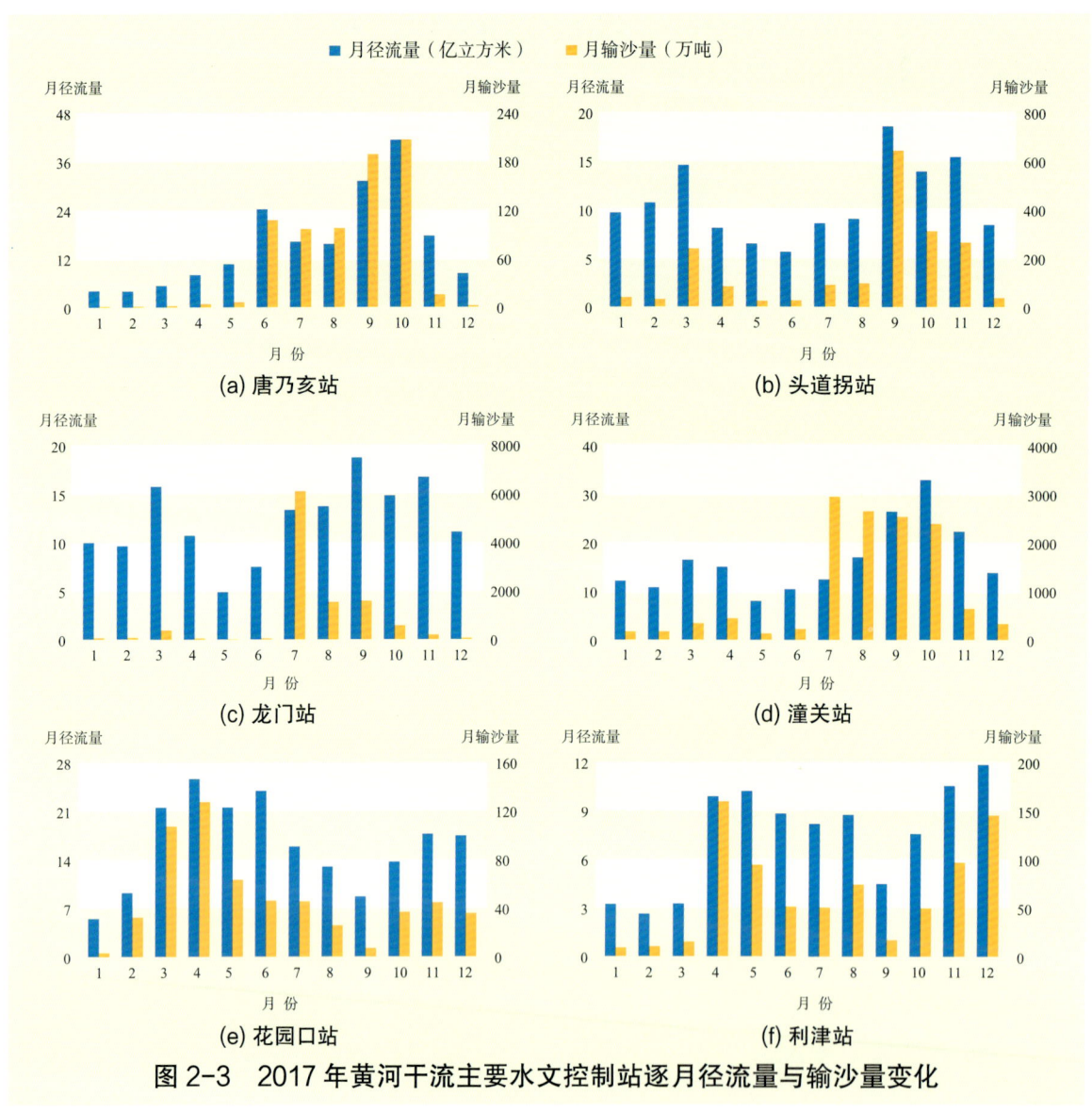

图 2-3 2017 年黄河干流主要水文控制站逐月径流量与输沙量变化

1055.00 米以下（汛期历史最高水位以上 0.60 米）断面面积减小 402 平方米。2017 年汛后与 2016 年同期相比，高程 1055.00 米以下断面面积增大 132 平方米，总体为冲刷状态，且因土地平整导致断面右侧展宽。

三湖河口站断面 2017 年汛后与 2002 年同期相比 [图 2-4(c)]，主槽左移，断面展宽，冲刷加深，高程 1021.00 米以下（汛期历史最高水位以上 0.19 米）断面面积增大约 489 平方米。2017 年汛后与 2016 年同期相比，高程 1021.00 米以下断面面积增大约 20 平方米，总体呈现略有冲刷状态。

头道拐站断面 2017 年汛后与 1987 年同期相比 [图 2-4(d)]，主槽右移，深泓点抬升，高程 991.00 米以下（汛期历史最高水位以上 0.31 米）断面面积减小约 265 平方米。

2017年汛后与2016年同期相比，主槽左冲右淤，高程991.00米以下断面面积增大约33平方米，总体呈现略有冲刷状态。

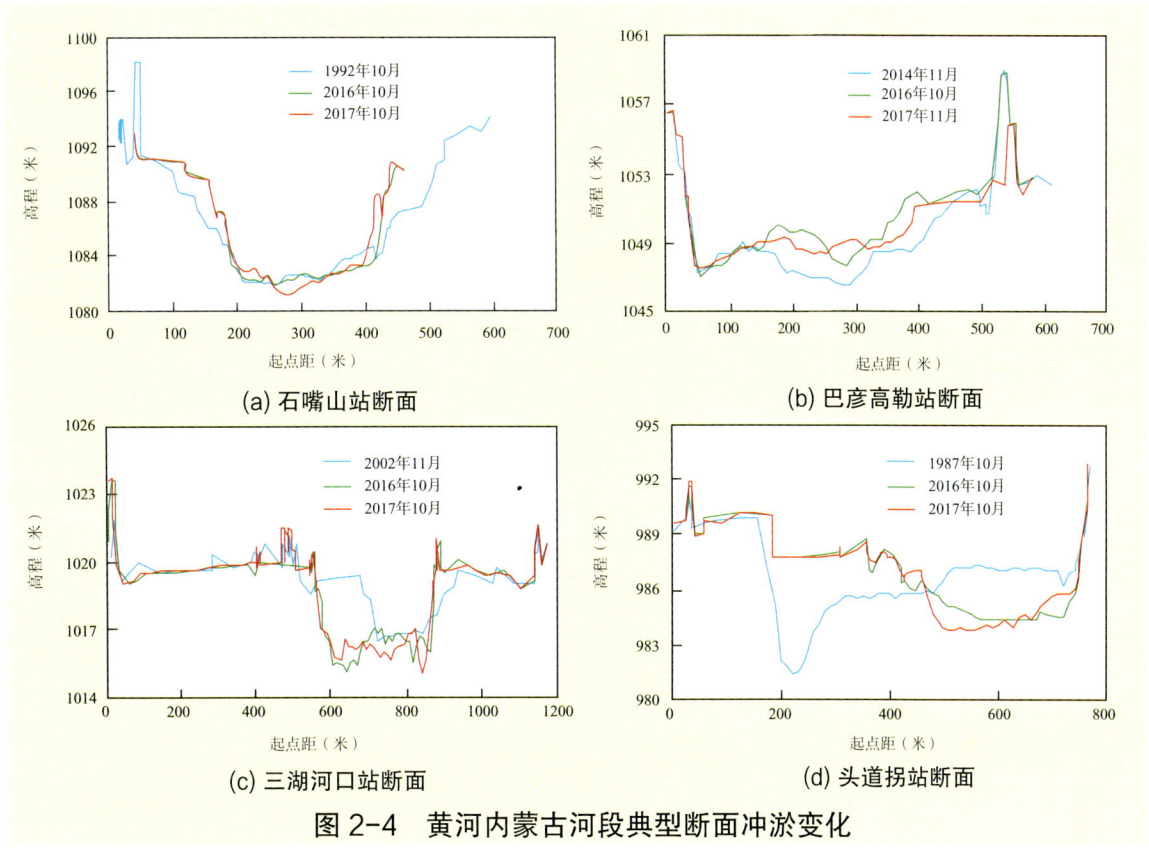

图 2-4　黄河内蒙古河段典型断面冲淤变化

（二）黄河下游河段

1. 河段冲淤量

2016年10月至2017年10月，黄河下游河道各河段均表现为冲刷，总冲刷量为0.458亿立方米，各河段冲淤量见表2-3。

表 2-3　2016年10月至2017年10月黄河下游各河段冲淤量

河　段	西霞院—花园口	花园口—夹河滩	夹河滩—高村	高村—孙口	孙口—艾山	艾山—泺口	泺口—利津	合计
河段长度（公里）	112.8	100.8	72.6	118.2	63.9	101.8	167.8	737.9
冲淤量（亿立方米）	-0.104	-0.040	-0.108	-0.075	-0.013	-0.031	-0.087	-0.458

注　"+"表示淤积，"-"表示冲刷。

2. 典型断面冲淤变化

黄河下游河道典型断面冲淤变化（大沽高程）见图2-5。2017年10月与上年同期相比，花园口、丁庄和泺口各断面主槽均略有冲刷；孙口断面略有淤积。

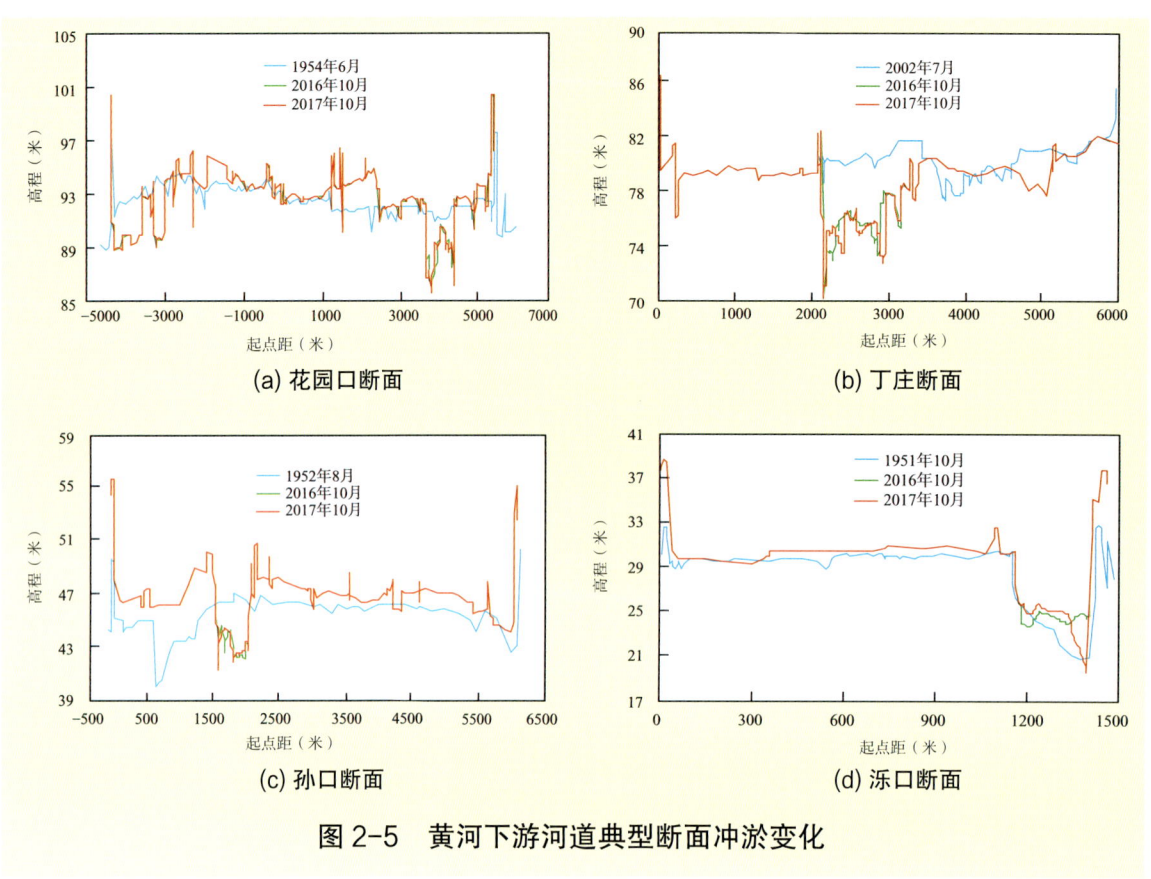

图 2-5 黄河下游河道典型断面冲淤变化

3. 引水引沙

根据不完全资料统计，2017 年黄河下游总引水量为 102.3 亿立方米，总引沙量为 848 万吨。其中，西霞院—高村河段引水量和引沙量分别为 31.60 亿立方米和 149 万吨，高村—艾山河段引水量和引沙量分别为 17.64 亿立方米和 190 万吨，艾山—利津河段引水量和引沙量分别为 46.73 亿立方米和 484 万吨。2017 年黄河下游各河段引水量与引沙量见表 2-4。

表 2-4　2017 年黄河下游各河段引水量与引沙量

河　段	西霞院—花园口	花园口—夹河滩	夹河滩—高村	高村—孙口	孙口—艾山	艾山—泺口	泺口—利津	利津以下	合计
引水量（亿立方米）	7.470	10.85	13.28	10.30	7.340	20.61	26.12	6.350	102.3
引沙量（万吨）	14.6	57.2	77.1	82.5	107	323	161	25.6	848

四、重要水库冲淤变化

（一）三门峡水库

1. 水库冲淤量

2016年10月至2017年10月，三门峡库区总体为淤积，总淤积量为0.275亿立方米。其中，黄河小北干流河段淤积0.068亿立方米，干流三门峡—潼关河段淤积0.427亿立方米；支流渭河冲刷量为0.234亿立方米，北洛河淤积量为0.014亿立方米。三门峡水库2017年度及多年累计冲淤量分布见表2-5。

表2-5　三门峡水库2017年度及多年累计冲淤量分布　　　　单位：亿立方米

库段＼时段	1960年5月至2016年10月	2016年10月至2017年10月	1960年5月至2017年10月
黄淤1—黄淤41	+27.941	+0.427	+28.368
黄淤41—黄淤68	+22.270	+0.068	+22.338
渭拦4—渭淤37	+11.165	-0.234	+10.931
洛淤1—洛淤21	+2.928	+0.014	+2.942
合　计	+64.304	+0.275	+64.579

注　1."+"表示淤积，"-"表示冲刷。
　　2. 黄淤41断面即潼关断面，位于黄河、渭河交汇点下游，也是黄河由北向南转而东流之处；大坝—黄淤41即三门峡—潼关河段，黄淤41—黄淤68即小北干流河段；渭河冲淤断面自下而上分渭拦11、渭拦12、渭拦1—渭拦10和渭淤1—渭淤37两段布设，渭河冲淤计算从渭拦4开始；北洛河自下而上依次为洛淤1—洛淤21。
　　3. 库段的冲淤量数值包括水库库区测量范围内直接或间接受水库回水影响范围内的冲淤量及水库上游自由河段的冲淤量。

2. 潼关高程

潼关高程是指潼关水文站流量为1000立方米/秒时潼关（六）断面的相应水位。2017年潼关高程汛前为328.16米，汛后为327.88米；与上年度同期相比，汛前升高0.15米，汛后略为降低0.06米。与2003年汛前和1969年汛后历史同期最高高程相比，分别下降0.66米和0.77米。

（二）小浪底水库

小浪底水库库区汇入支流较多，平面形态狭长弯曲，总体上是上窄下宽。距坝65公里以上为峡谷段，河谷宽度多在500米以下；距坝65公里以下宽窄相间，河谷宽度多在1000米以上，最宽处约2800米。

1. 水库冲淤量

2016年10月至2017年10月，小浪底水库库区共淤积泥沙1.163亿立方米，其中干流淤积0.806亿立方米，淤积主要发生在黄河27断面（距坝44.53公里）至黄河

49 断面（距坝 93.96 公里）之间；支流淤积 0.357 亿立方米。自 1997 年 10 月小浪底水库截流以来，泥沙淤积主要发生在黄河 38 断面以下的干、支流库段，其淤积量占库区淤积总量的 95%。小浪底水库库区 2017 年度及多年累计冲淤量分布见表 2-6。

表 2-6　小浪底水库 2017 年度及多年累计冲淤量分布　　单位：亿立方米

库段	1997 年 10 月至 2016 年 10 月	2016 年 10 月至 2017 年 10 月 干流	支流	合计	1997 年 10 月至 2017 年 10 月 总计	淤积量比（%）
大坝—黄河 20	+20.012	+0.087	+0.164	+0.251	+20.263	60
黄河 20—黄河 38	+11.104	+0.483	+0.193	+0.676	+11.780	35
黄河 38—黄河 56	+1.504	+0.236	+0.000	+0.236	+1.740	5
合计	+32.620	+0.806	+0.357	+1.163	+33.783	100

注　"+"表示淤积，"-"表示冲刷。

2. 水库库容变化

2017 年 10 月小浪底水库实测 275 米高程以下库容为 93.802 亿立方米，较 2016 年 10 月库容减小 1.163 亿立方米。小浪底水库库容曲线见图 2-6。

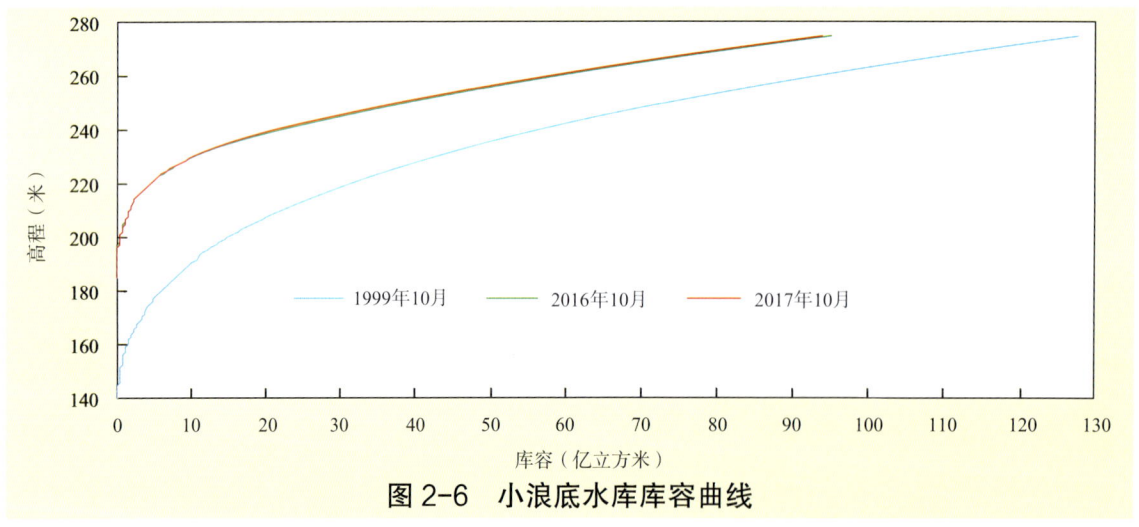

图 2-6　小浪底水库库容曲线

3. 水库纵剖面和典型断面冲淤变化

小浪底水库深泓纵剖面的变化情况见图 2-7。与 2016 年 10 月相比，2017 年 10 月淤积三角洲顶点没有发生明显位移。库区黄河 14 至黄河 50 断面深泓均为淤积，黄河 50 断面以上深泓有冲有淤，河床深泓点最大抬升 4.53 米（黄河 47 断面），最大刷深 1.84 米（黄河 51 断面、距坝 101.61 公里）。

根据 2017 年小浪底水库纵剖面和平面宽度的变化特点，选择黄河 5（距坝 6.54

公里)、黄河 23(距坝 37.55 公里)、黄河 39(距坝 67.99 公里)和黄河 47(距坝 88.54 公里)4 个典型断面分析库区冲淤变化,见图 2-8。与 2016 年 10 月相比,2017 年 10 月黄河 5 和黄河 23 断面冲淤变化较小,黄河 39 断面淤积较多,黄河 47 断面淤积最多。

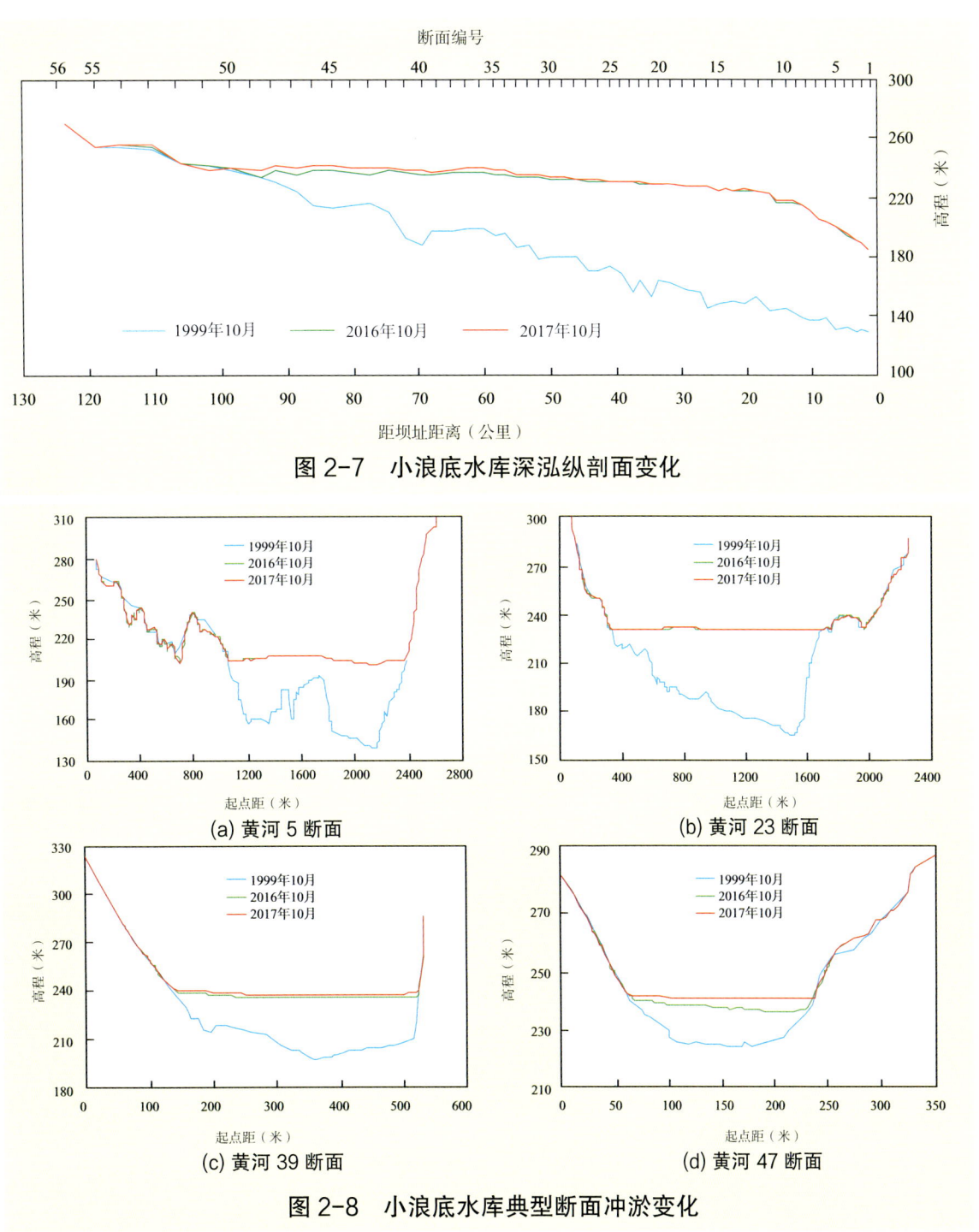

图 2-7　小浪底水库深泓纵剖面变化

(a) 黄河 5 断面　　　　　　　　　　(b) 黄河 23 断面

(c) 黄河 39 断面　　　　　　　　　　(d) 黄河 47 断面

图 2-8　小浪底水库典型断面冲淤变化

4. 库区典型支流入汇段淤积

以大峪河和畛水作为库区典型支流，大峪河在大坝上游 4.2 公里的黄河左岸汇入黄河，而畛水在大坝上游 17.2 公里的黄河右岸汇入黄河。从图 2-9 可以看出，随着干流河底的不断淤积，泥沙进入支流使大峪河口断面处河底高程从 1999 年开始逐渐抬高，至 2017 年 10 月已淤积抬高 43.77 米，河口尚未形成明显的倒比降。与 1999 年水库蓄水前相比，2017 年 10 月畛水河口断面处河底深泓高程已淤积抬高 68.9 米，在河口附近上游河段的河床已形成了明显的倒比降，且河口断面处的最低高程较其上游河段最低点高出 7.32 米。

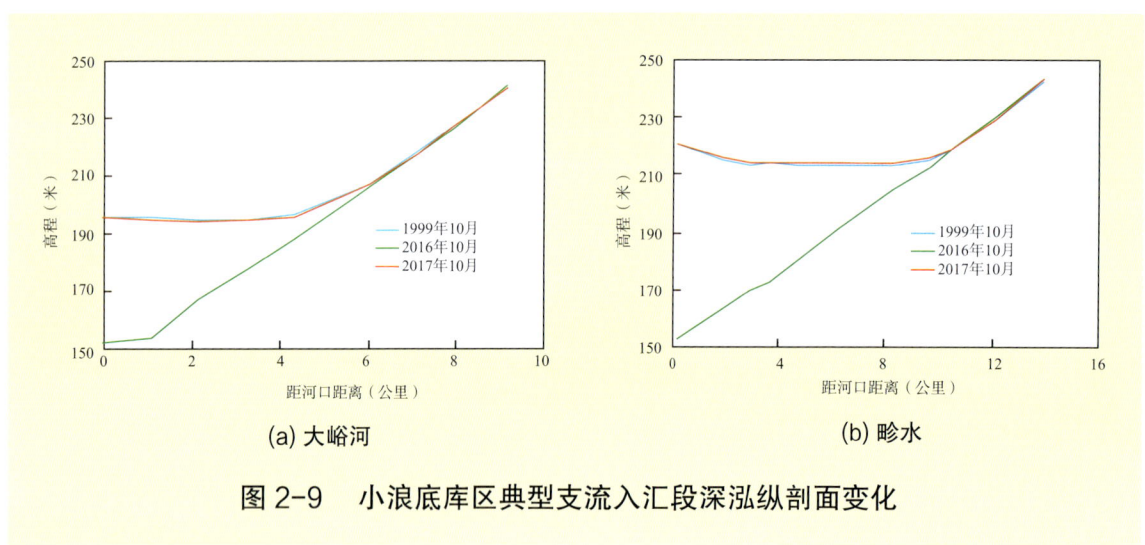

(a) 大峪河　　　　　　　　　　　　(b) 畛水

图 2-9　小浪底库区典型支流入汇段深泓纵剖面变化

五、重要泥沙事件

（一）无定河发生"7·26"高含沙洪水

无定河是黄河中游的一级支流，位于毛乌素沙漠南缘及黄土高原北部地区，流域面积 30261 平方公里，入黄控制站白家川以上集水面积 29662 平方公里。大理河是无定河最大的一级支流，流域面积 3906 平方公里，流域出口水文站为绥德站。2017 年 7 月 25 日 16 时至 26 日 8 时，黄河中游山陕区间中北部大部分地区降大到暴雨，支流无定河普降暴雨到大暴雨。暴雨中心在绥德县赵家砭，雨量 252.3 毫米。大理河绥德以上面平均雨量达 129.8 毫米，无定河白家川以上面平均雨量为 64.0 毫米。无定河流域 100 毫米以上降雨量覆盖面积 4573 平方公里。

受降雨影响，无定河干支流相继发生洪水，图 2-10 为无定河干支流控制水文站"7·26"洪水流量和含沙量过程。支流绥德水文站次洪径流量为 1.134 亿立方米，排历史第一，次洪输沙量为 0.337 亿吨，排历史第四；26 日 5 时 5 分洪峰流量 3290 立方米/秒，为 1959 年建站以来最大洪峰流量，26 日 12 时 30 分最大含沙量为 837 千克/立方米。白家川水文站次洪径流量为 1.680 亿立方米，次洪输沙量为 0.783 亿吨；26 日 9 时 42 分洪峰流量 4490 立方米/秒，为 1975 年以来最大洪水，排历史第二位，26 日 9 时 48 分最大含沙量为 873 千克/立方米。

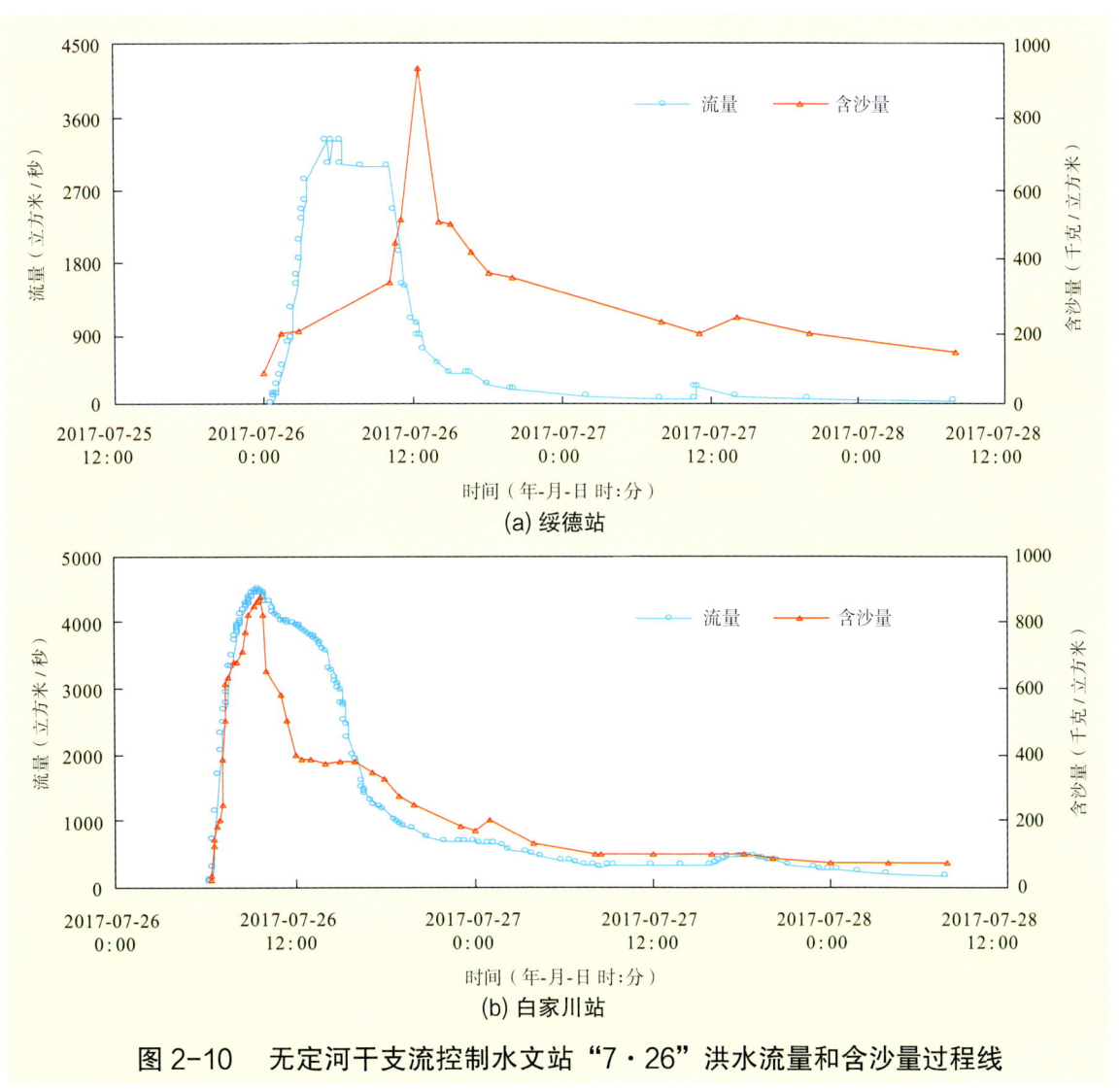

图 2-10　无定河干支流控制水文站"7·26"洪水流量和含沙量过程线

（二）黄河小北干流发生"揭河底"现象

黄河小北干流是指龙门至潼关河段。受无定河"7·26"高含沙洪水的影响，2017 年 7 月 27 日黄河龙门水文站也出现了洪峰流量为 6010 立方米/秒的洪水过程，当日最大含沙量为 289 千克/立方米，洪峰流量发生时间为 2017 年 7 月 27 日 1 时 6 分，黄河陕西合阳段榆林工程 14 坝（距离上游龙门站约 50 公里）洪水从 27 日 0 时起涨，27 日 9 时 30 分到达峰顶。该处河宽约 1 公里，河道中间有一个河心滩，将其分为两股流，河心滩右侧河宽约 500 米，河心滩左侧河宽约 100 米。"揭河底"发生时主流靠右边流的左侧，即河心滩附近；"揭河底"发生前，河面出现剧烈波动，长度约为 100 米，随后河道内出现多处泥块露出水面。28 日 10 时，陕西河务局巡查观测人员观测到"揭河底"现象，摄像、照相历时 2 分钟左右，影像资料如照片所示。"揭河底"河段长度约 0.1 公里（目击揭起泥块露出水面的长度），持续时间约 10 分钟，泥块出水面积约 0.50 平方米（按照目测泥块宽度 0.5 米、高度 1 米、厚度 0.10～0.15 米计算）、泥块出水高度 0.7 米。1950 年以来黄河小北干流共观测到 13 次"揭河底"现象，均为在高含沙洪水下发生的，其中 8 次为长距离冲刷，6 次发生了河槽大摆动。

黄河小北干流"揭河底"现象（田忠新 摄）

颍河支流澧河上游燕山水库

第三章 淮河

一、概述

2017年淮河流域主要水文控制站实测径流量与多年平均值比较，淮河干流息县、鲁台子和蚌埠各站偏大36%～45%，颍河阜阳站基本持平，沂河临沂站偏小45%；与近10年平均值比较，临沂站偏小18%，其他站偏大60%～94%；与上年度比较，各站增大29%～324%。

2017年淮河流域主要水文控制站实测输沙量与多年平均值比较，各站偏小31%～100%；与近10年平均值比较，阜阳站和临沂站分别偏小89%和99%，干流各站偏大15%～74%；与上年度比较，息县站和阜阳站分别增大26%和330%，鲁台子站和蚌埠站分别减小34%和28%，临沂站输沙量2017年为0.118万吨，上年度近似为0。

2017年淮河干流鲁台子水文站断面河槽冲刷明显；蚌埠水文站断面主槽左岸略有冲刷、主槽底部略有淤积。

二、径流量与输沙量

（一）2017年实测水沙特征值

2017年淮河流域主要水文控制站实测水沙特征值与多年平均值、近10年平均值及2016年值的比较见表3-1和图3-1。

与多年平均值比较，2017年淮河干流息县、鲁台子和蚌埠各站实测径流量分别偏大45%、36%和39%，颍河阜阳站基本持平，沂河临沂站偏小45%；与近10年平均值比较，2017年息县、鲁台子、蚌埠和阜阳各站径流量分别偏大94%、71%、70%和60%，临沂站偏小18%；与上年度相比，2017年息县、鲁台子、蚌埠、阜阳和临沂各站径流量分别增大52%、29%、31%、324%和144%。

表 3-1　淮河流域主要水文控制站实测水沙特征值对比表

河　流		淮　河	淮　河	淮　河	颍　河	沂　河
水文控制站		息　县	鲁台子	蚌　埠	阜　阳	临　沂
控制流域面积（万平方公里）		1.02	8.86	12.13	3.52	1.03
年径流量 （亿立方米）	多年平均	36.15 (1951—2015年)	213.4 (1950—2015年)	260.4 (1950—2015年)	44.37 (1951—2015年)	20.54 (1951—2015年)
	近10年平均	26.99	169.3	213.0	26.30	13.67
	2016年	34.34	224.5	276.3	9.920	4.599
	2017年	52.32	289.4	362.8	42.06	11.24
年输沙量 （万吨）	多年平均	201 (1959—2015年)	764 (1950—2015年)	841 (1950—2015年)	265 (1951—2015年)	198 (1954—2015年)
	近10年平均	79.7	196	289	35.0	23.0
	2016年	110	440	464	0.859	0.000
	2017年	139	292	332	3.69	0.118
年平均含沙量 （千克/立方米）	多年平均	0.556 (1959—2015年)	0.370 (1950—2015年)	0.332 (1950—2015年)	0.635 (1951—2015年)	0.990 (1954—2015年)
	2016年	0.319	0.196	0.168	0.009	0.000
	2017年	0.265	0.101	0.091	0.009	0.001
输沙模数 [吨/(年·平方公里)]	多年平均	197 (1959—2015年)	86.2 (1950—2015年)	69.3 (1950—2015年)	75.2 (1951—2015年)	192 (1954—2015年)
	2016年	108	49.7	38.3	0.244	0.000
	2017年	136	33.0	27.4	1.05	0.114

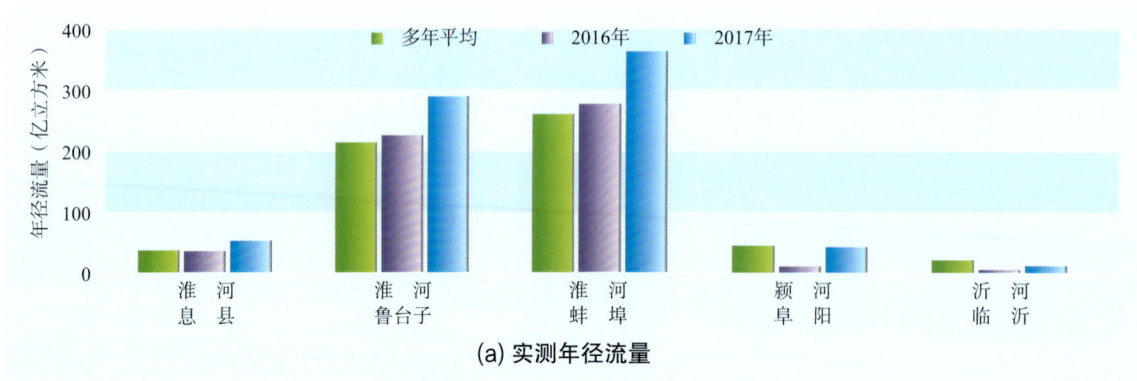

(a) 实测年径流量

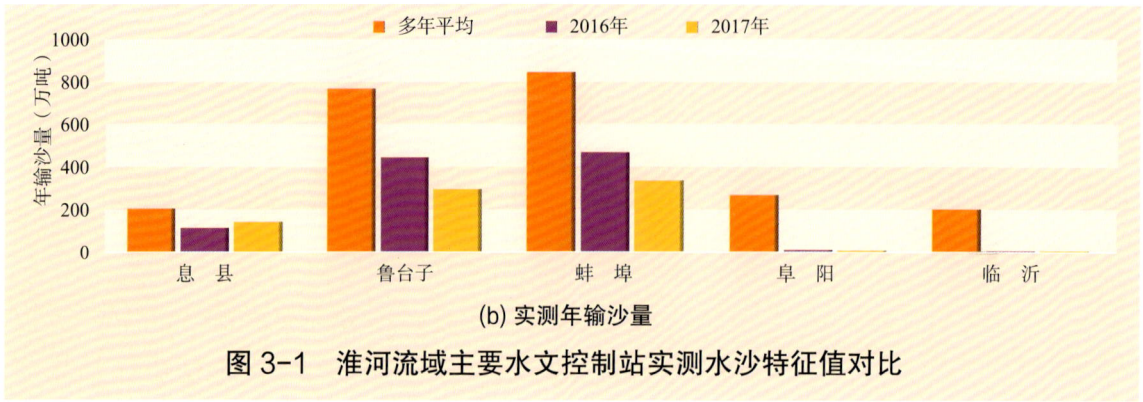

(b) 实测年输沙量

图 3-1　淮河流域主要水文控制站实测水沙特征值对比

与多年平均值比较，2017年息县、鲁台子、蚌埠、阜阳和临沂各站实测输沙量分别偏小31%、62%、61%、99%和近100%；与近10年平均值比较，2017年息县、鲁台子和蚌埠各站分别偏大74%、49%和15%，阜阳站和临沂站分别偏小89%和99%；与上年度比较，2017年息县站和阜阳站输沙量分别增大26%和330%，鲁台子站和蚌埠站分别减小34%和28%，临沂站输沙量2017年为0.118万吨，上年度近似为0。

（二）径流量与输沙量年内变化

2017年淮河流域主要水文控制站逐月径流量与输沙量的变化见图3-2。2017年阜阳站径流量集中在9—11月，占全年的67%，输沙量集中在6—9月，占全年的97%；临沂站径流量集中在7—8月，占全年的60%，输沙量集中在7月，占全年的近100%；其他各站径流量和输沙量主要分布在7—10月，分别占全年的64%～71%和78%～96%。

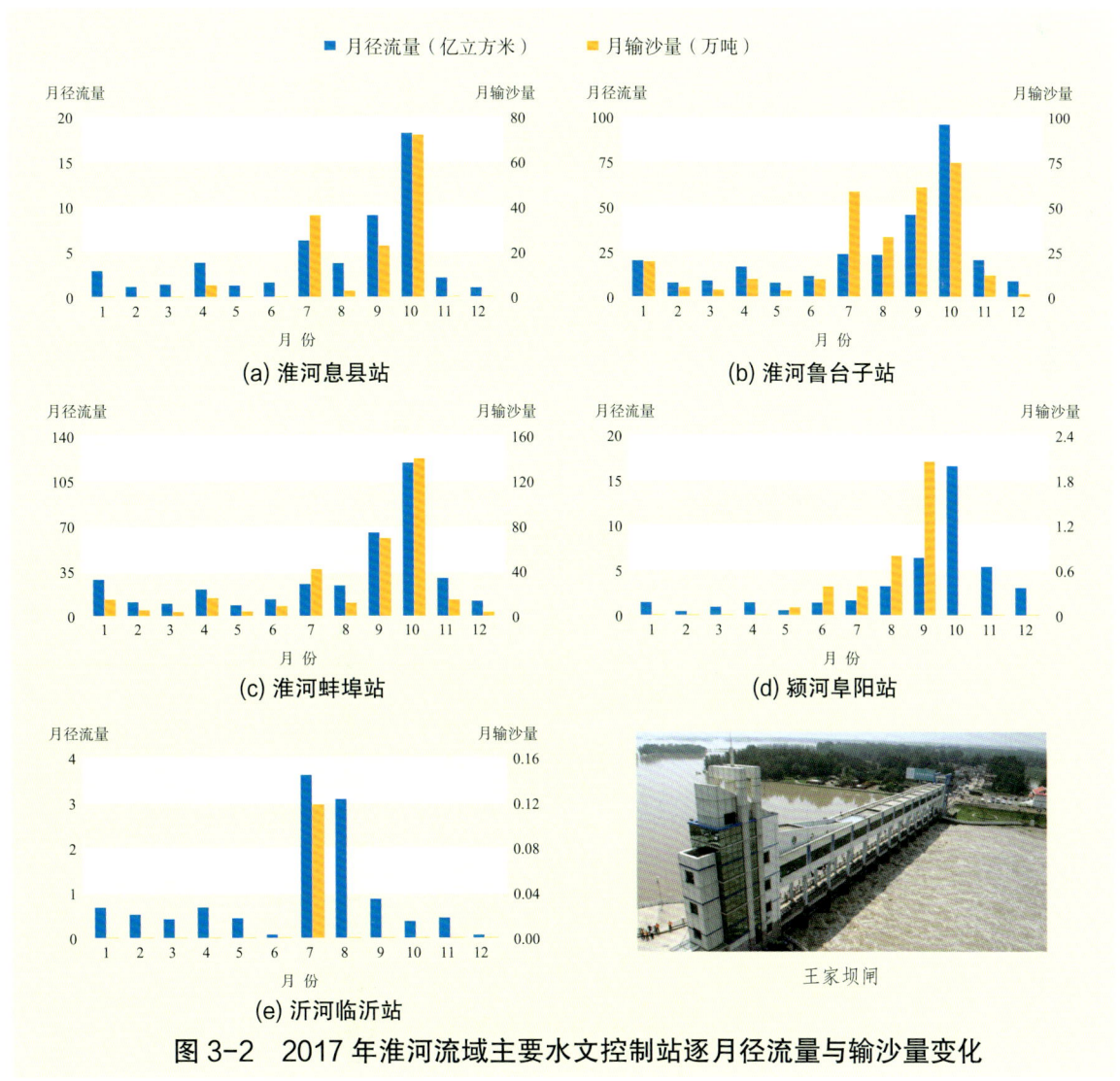

图3-2 2017年淮河流域主要水文控制站逐月径流量与输沙量变化

三、典型断面冲淤变化

（一）鲁台子水文站断面

淮河干流鲁台子水文站断面冲淤变化见图 3-3（鲁台子站断面高程 = 黄海高程 +0.152 米），在 2000 年退堤整治后断面右边岸滩大幅拓宽。与 2016 年相比，2017 年测验断面距左岸 180～350 米处的主河床冲刷明显。

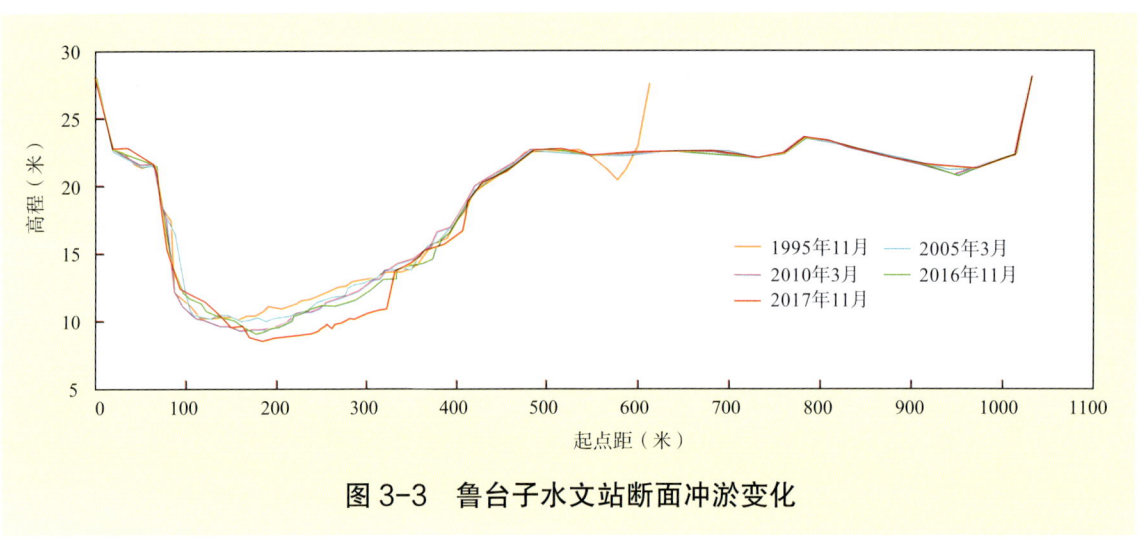

图 3-3　鲁台子水文站断面冲淤变化

（二）蚌埠水文站断面

淮河干流蚌埠水文站断面冲淤变化见图 3-4（蚌埠站断面高程 = 黄海高程 +0.134 米），与 2016 年相比，2017 年断面左岸略有冲刷，主槽底部略有淤积。

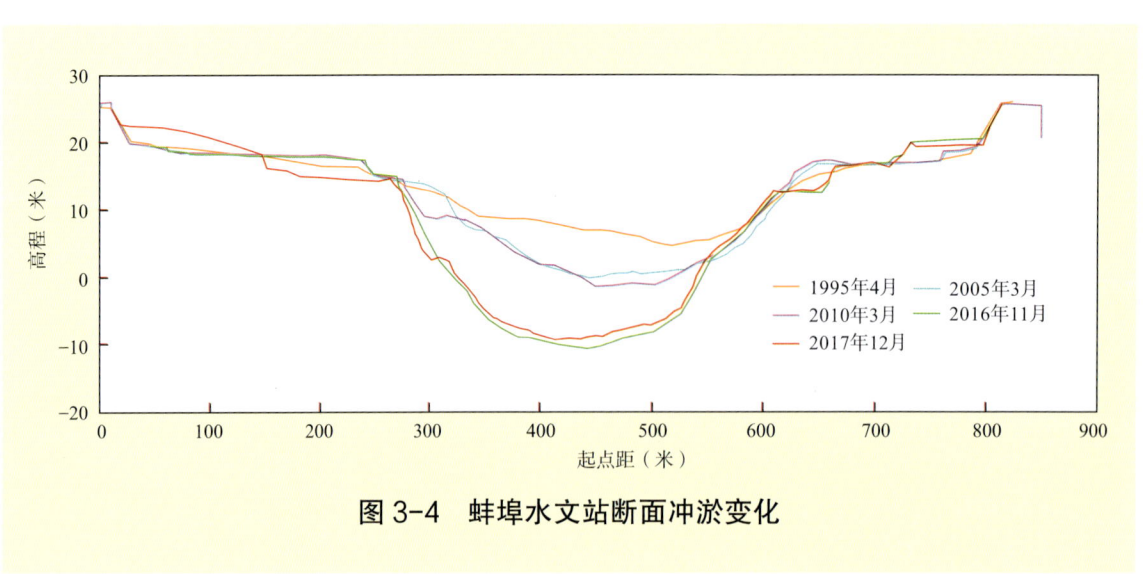

图 3-4　蚌埠水文站断面冲淤变化

永定河落坡岭水库（魏琳 摄）

第四章 海河

一、概述

2017年海河流域主要水文控制站实测水沙特征值与多年平均值比较，各站年径流量偏小47%～91%；各站年输沙量偏小97%～100%。与近10年平均值比较，2017年桑干河石匣里、永定河雁翅、白河张家坟、漳河观台和卫河元村集各站实测径流量偏大8%～137%，洋河响水堡站和潮河下会站基本持平，海河海河闸站偏小30%；响水堡站近10年输沙量均近似为0，其他站偏小15%～100%。与上年度比较，2017年雁翅站实测径流量增大130%，石匣里站基本不变，其他站减小33%～64%；石匣里站年输沙量增大95%，雁翅、张家坟、观台和元村集各站减小77%～100%，其他站仍近似为0。2017年引黄入冀调水3.040亿立方米，挟带泥沙3.40万吨。

二、径流量与输沙量

（一）2017年实测水沙特征值

2017年海河流域主要水文控制站实测水沙特征值与多年平均值、近10年平均值及2016年值的比较见表4-1和图4-1。

与多年平均值比较，2017年海河流域主要水文控制站实测径流量均偏小，桑干河石匣里、洋河响水堡、永定河雁翅、潮河下会、白河张家坟、海河海河闸、漳河观台和卫河元村集各站实测径流量分别偏小80%、91%、64%、60%、47%、60%、57%和47%；与近10年平均值比较，2017年石匣里、雁翅、张家坟、观台和元村集各站分别偏大26%、137%、18%、33%和8%，响水堡站和下会站基本持平，海河闸站偏小30%；与上年度比较，2017年雁翅站径流量增大130%，石匣里站基本不变，响水堡、下会、张家坟、海河闸、观台和元村集各站分别减小52%、37%、33%、47%、64%和41%。

与多年平均值比较，2017年海河流域主要水文控制站实测输沙量均偏小，石匣里、响水堡、雁翅、下会、张家坟和海河闸各站年输沙量均偏小近100%，观台站和元村集站均偏小97%；与近10年平均值比较，除响水堡站近10年输沙量均近似为0外，2017年其他站均偏小，其中下会、张家坟和海河闸各站偏小近100%，石匣里、雁翅、观台和元村集各站分别偏小15%、91%、53%和28%；与上年度比较，2017年石匣里站增大95%，雁翅、张家坟、观台和元村集各站分别减小99%、近100%、94%和77%，响水堡、下会和海河闸各站仍近似为0。

表4-1 海河流域主要水文控制站实测水沙特征值对比表

河流		桑干河	洋河	永定河	潮河	白河	海河	漳河	卫河
水文控制站		石匣里	响水堡	雁翅	下会	张家坟	海河闸	观台	元村集
控制流域面积 （万平方公里）		2.36	1.45	4.37	0.53	0.85		1.78	1.43
年径流量 （亿立方米）	多年平均	4.198 (1952—2015年)	3.143 (1952—2015年)	5.521 (1963—2015年)	2.393 (1961—2015年)	4.868 (1954—2015年)	7.921 (1960—2015年)	8.592 (1951—2015年)	14.98 (1951—2015年)
	近10年平均	0.6762	0.2922	0.8430	1.000	2.159	4.564	2.750	7.325
	2016年	0.8943	0.5909	0.8687	1.510	3.815	6.020	10.16	13.36
	2017年	0.8519	0.2823	1.996	0.9583	2.556	3.191	3.667	7.908
年输沙量 （亿吨）	多年平均	837 (1952—2015年)	573 (1952—2015年)	11.0 (1963—2015年)	73.9 (1961—2015年)	117 (1954—2015年)	6.62 (1960—2015年)	728 (1951—2015年)	213 (1951—2015年)
	近10年平均	3.82	0.000	0.055	0.082	1.16	0.046	45.1	9.74
	2016年	1.67	0.000	0.541	0.000	9.09	0.000	368	31.0
	2017年	3.26	0.000	0.005	0.000	0.000	0.000	21.4	7.03
年平均 含沙量 （千克/立方米）	多年平均	20.0 (1952—2015年)	18.3 (1952—2015年)	0.199 (1963—2015年)	3.09 (1961—2015年)	2.39 (1954—2015年)	0.084 (1960—2015年)	8.47 (1951—2015年)	1.42 (1951—2015年)
	2016年	0.187	0.000	0.062	0.000	0.237	0.000	3.62	0.232
	2017年	0.383	0.000	0.000	0.000	0.000	0.000	0.584	0.089
年平均 中数粒径 （毫米）	多年平均	0.028 (1961—2015年)	0.029 (1962—2015年)					0.027 (1965—2015年)	
	2016年	0.036						0.011	
	2017年	0.089						0.013	
输沙模数 [吨/(年·平方公里)]	多年平均	355 (1952—2015年)	395 (1952—2015年)	2.51 (1963—2015年)	139 (1961—2015年)	137 (1954—2015年)		409 (1951—2015年)	149 (1951—2015年)
	2016年	0.708	0.000	0.124	0.000	10.7		207	21.7
	2017年	1.38	0.000	0.001	0.000	0.000		12.0	4.92

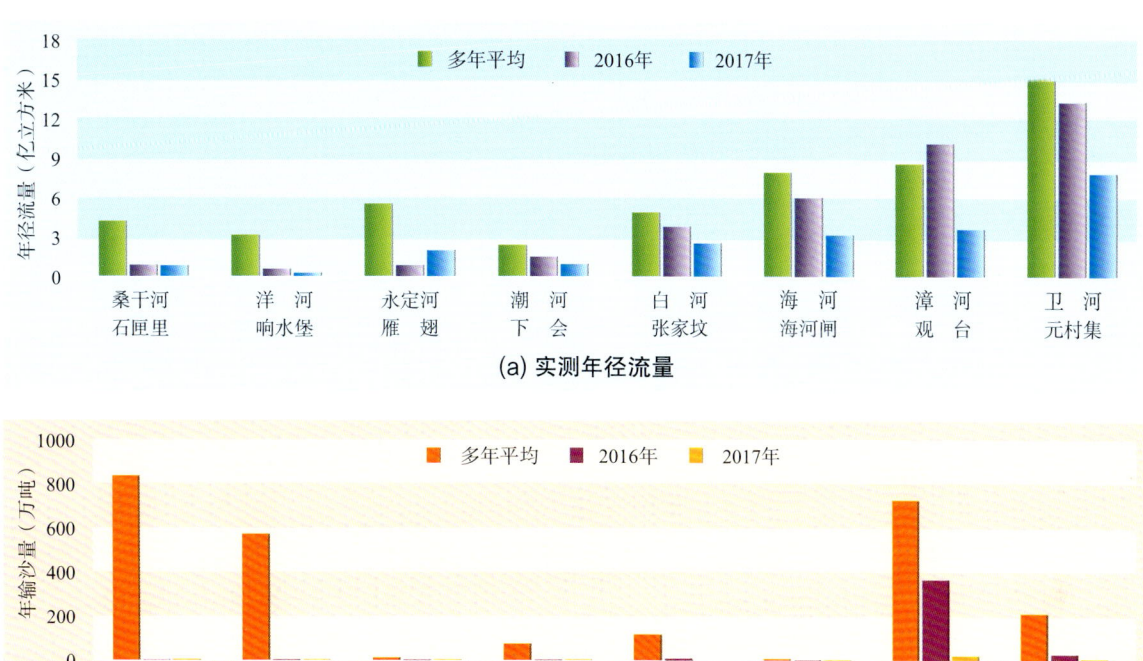

图 4-1 海河流域主要水文控制站水沙特征值对比

（二）径流量与输沙量年内变化

2017年海河流域主要水文控制站逐月径流量与输沙量的变化见图4-2。由于上游水库向下游供水、调水等人类活动的影响，2017年石匣里、响水堡、张家坟各站汛后10—12月径流量的比例较大，为30%～47%；石匣里站输沙量集中在汛期的6—8月，响水堡站和张家坟站年输沙量近似为0。雁翅站年内径流量的变化主要受上游下马岭水电站的影响，并受小股暴雨洪水影响，仅6月有少量输沙。下会、海河闸和观台各站径流量主要集中在7—10月，占全年的43%～65%；观台站输沙量集中在主汛期7—8月，下会站和海河闸站输沙量近似为0。元村集站径流量年内分布较均匀，且全年各月均有输沙量，主要是河南省引黄所致。

（三）引黄入冀调水

2017年河北省实施引黄入冀补水工程，引黄入冀调水总量为3.040亿立方米，挟带泥沙总量为3.40万吨。其中，1—2月通过潘庄线路向沧州市大浪淀水库补水，河北省入境黄河水量为1.154亿立方米，挟带泥沙量为1.57万吨；4月通过位山线路向衡水湖及邢台市、衡水市进行农业补水，河北省入境黄河水量为0.5347亿立方米，挟带泥沙量为1.83万吨；11—12月通过渠村线路引黄向邯郸市、邢台市、衡水市及沧州市进行农业补水，河北省入境黄河水量为0.4431亿立方米，输沙量近似为0；11月沧州市启动李家岸线路引黄，河北省入境黄河水量为0.9078亿立方米，输沙量近似为0。

图 4-2 2017年海河流域主要水文控制站逐月径流量与输沙量变化

西江支流都柳江从江河段（陈少波 摄）

第五章 珠江

一、概述

2017年珠江流域主要水文控制站实测水沙特征值与多年平均值比较，北江石角站和东江博罗站年径流量分别偏小11%和6%，其他站偏大18%～31%；柳江柳州站年输沙量偏大412%，南盘江小龙潭站基本持平，其他站偏小41%～96%。与近10年平均值比较，2017年石角站实测径流量偏小12%，博罗站基本持平，其他站偏大20%～91%；郁江南宁、博罗和石角各站年输沙量分别偏小23%、35%和60%，其他站偏大42%～224%。与上年度比较，2017年柳州站和西江高要站实测径流量基本持平，石角站和博罗站分别减小37%和45%，其他站增大10%～74%；石角站和博罗站年输沙量分别减小68%和69%，其他站增大32%～237%。

1985年以来，天河水文站断面整体表现为冲刷，2017年断面基本稳定，左槽冲淤变化不大，右槽略有淤积。

二、径流量与输沙量

（一）2017年实测水沙特征值

2017年珠江流域主要水文控制站实测水沙特征值与多年平均值、近10年平均值及2016年值的比较见表5-1和图5-1。

2017年珠江流域主要水文控制站实测径流量与多年平均值比较，北江石角站和东江博罗站分别偏小11%和6%，南盘江小龙潭、红水河迁江、柳江柳州、郁江南宁、浔江大湟江口、西江梧州和西江高要各站分别偏大31%、22%、29%、18%、25%、

22%和21%;与近10年平均值比较,石角站偏小12%,博罗站基本持平,小龙潭、迁江、柳州、南宁、大湟江口、梧州和高要各站分别偏大91%、37%、24%、24%、26%、23%和20%;与上年度比较,柳州站和高要站基本持平,石角站和博罗站分别减小37%和45%,小龙潭、迁江、南宁、大湟江口和梧州各站分别增大74%、30%、46%、17%和10%。

表5-1 珠江流域主要水文控制站实测水沙特征值对比表

河流		南盘江	红水河	柳江	郁江	浔江	西江	西江	北江	东江
水文控制站		小龙潭	迁江	柳州	南宁	大湟江口	梧州	高要	石角	博罗
控制流域面积(万平方公里)		1.54	12.89	4.54	7.27	28.85	32.70	35.15	3.84	2.53
年径流量(亿立方米)	多年平均	35.95 (1953—2015年)	646.6 (1954—2015年)	393.3 (1954—2015年)	368.3 (1954—2015年)	1696 (1954—2015年)	2016 (1954—2015年)	2173 (1957—2015年)	417.1 (1954—2015年)	231.0 (1954—2015年)
	近10年平均	24.64	572.4	409.0	351.9	1689	2006	2188	422.2	228.7
	2016年	26.99	605.6	516.2	298.2	1815	2247	2508	590.0	395.0
	2017年	46.97	785.8	506.0	434.8	2128	2467	2627	371.8	217.2
年输沙量(万吨)	多年平均	448 (1964—2015年)	3530 (1954—2015年)	496 (1955—2015年)	815 (1954—2015年)	5010 (1954—2015年)	5570 (1954—2015年)	5960 (1957—2015年)	538 (1954—2015年)	226 (1954—2015年)
	近10年平均	227	108	783	322	1540	1570	1910	504	95.6
	2016年	126	85.3	1530	144	1690	1900	1860	627	201
	2017年	425	153	2540	247	2940	2500	3190	200	61.9
年平均含沙量(千克/立方米)	多年平均	1.20 (1964—2015年)	0.547 (1954—2015年)	0.126 (1955—2015年)	0.221 (1954—2015年)	0.295 (1954—2015年)	0.276 (1954—2015年)	0.268 (1957—2015年)	0.125 (1954—2015年)	0.094 (1954—2015年)
	2016年	0.467	0.014	0.296	0.048	0.093	0.085	0.074	0.106	0.051
	2017年	0.905	0.019	0.502	0.057	0.138	0.101	0.121	0.054	0.028
输沙模数[吨/(年·平方公里)]	多年平均	291 (1964—2015年)	274 (1954—2015年)	109 (1955—2015年)	112 (1954—2015年)	174 (1954—2015年)	170 (1954—2015年)	170 (1957—2015年)	140 (1954—2015年)	89.4 (1954—2015年)
	2016年	81.8	6.62	337	19.8	58.6	58.1	52.9	163	79.4
	2017年	276	11.9	559	34.0	102	76.5	90.7	52.1	24.4

2017年珠江流域主要水文控制站实测输沙量与多年平均值比较,柳州站偏大412%,小龙潭站基本持平,迁江、南宁、大湟江口、梧州、高要、石角和博罗各站分别偏小96%、70%、41%、55%、46%、63%和73%;与近10年平均值比较,南宁、

博罗和石角各站分别偏小23%、35%和60%，小龙潭、迁江、柳州、大湟江口、梧州和高要各站分别偏大87%、42%、224%、91%、59%和67%；与上年度比较，石角站和博罗站分别减小68%和69%，小龙潭、迁江、柳州、南宁、大湟江口、梧州和高要各站分别增大237%、79%、66%、72%、74%、32%和72%。

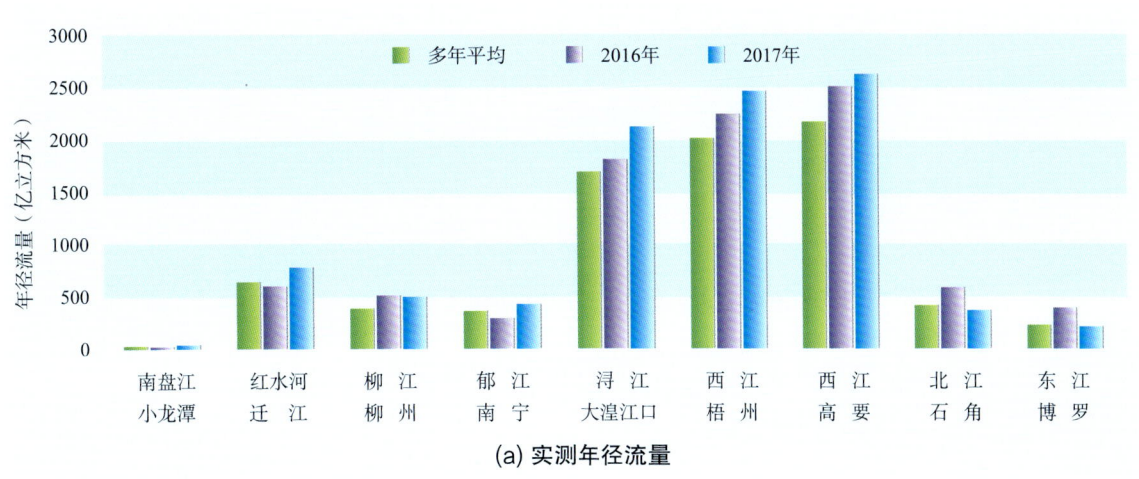

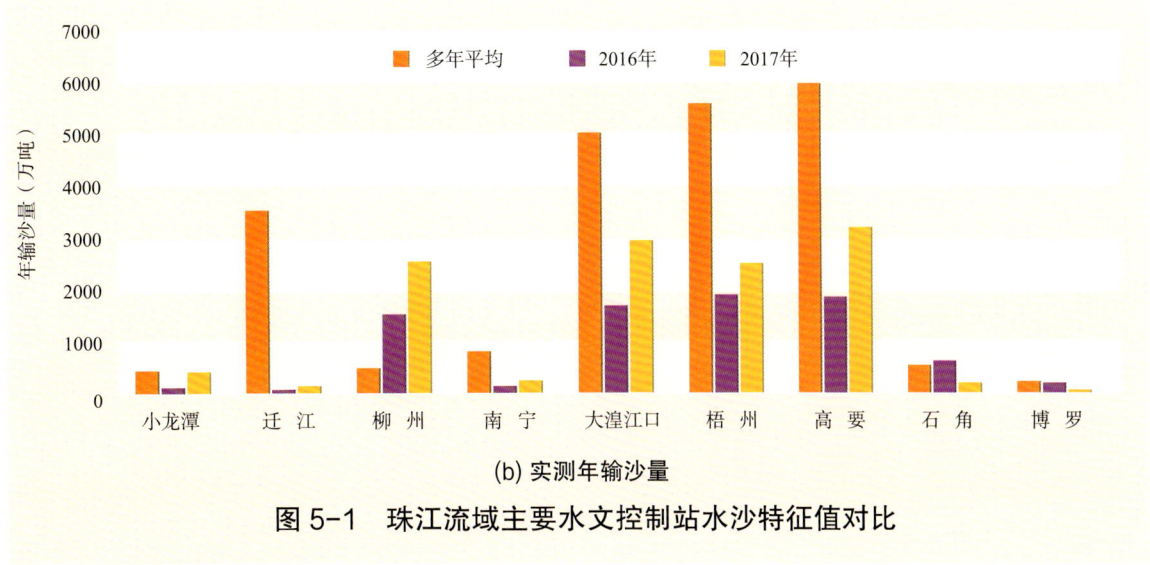

图5-1 珠江流域主要水文控制站水沙特征值对比

（二）径流量与输沙量年内变化

2017年珠江流域主要水文控制站逐月径流量与输沙量的变化见图5-2。珠江流域主要水文控制站径流量与输沙量年内分布不匀，北江石角站径流量和输沙量主要集中在3—8月，占年总量的77%和95%；其他站径流量和输沙量主要集中在5—10月，分别占年总量的63%~86%和95%~99%。

图 5-2 2017 年珠江流域主要水文控制站逐月径流量与输沙量变化

三、典型断面冲淤变化

天河水文站为珠江八大口门中西四口门（磨刀门、鸡啼门、虎跳门、崖门）入海水量的监测控制站。天河水文站上游4.0公里处为东海水道分流口，下游1.0公里处有江心洲把主河分为两支，断面距河口约73公里。天河水文站水文断面的冲淤变化见图5-3（冻结基面）。

1985年以来，天河水文站断面整体表现为冲刷。2004年之前，天河水文站断面持续冲刷，断面形态从偏V形过渡到偏W形，主槽从右向左摆动，左侧冲刷，右侧淤积。2004年后，天河水文站断面左槽继续冲刷，右槽略有淤积，冲淤幅度明显减弱，至2016年，河槽冲刷扩宽至左岸约1150米，最大下切幅度达11.33米。与上年比较，2017年断面基本稳定，主槽左侧冲淤变化不大，右侧略有淤积。

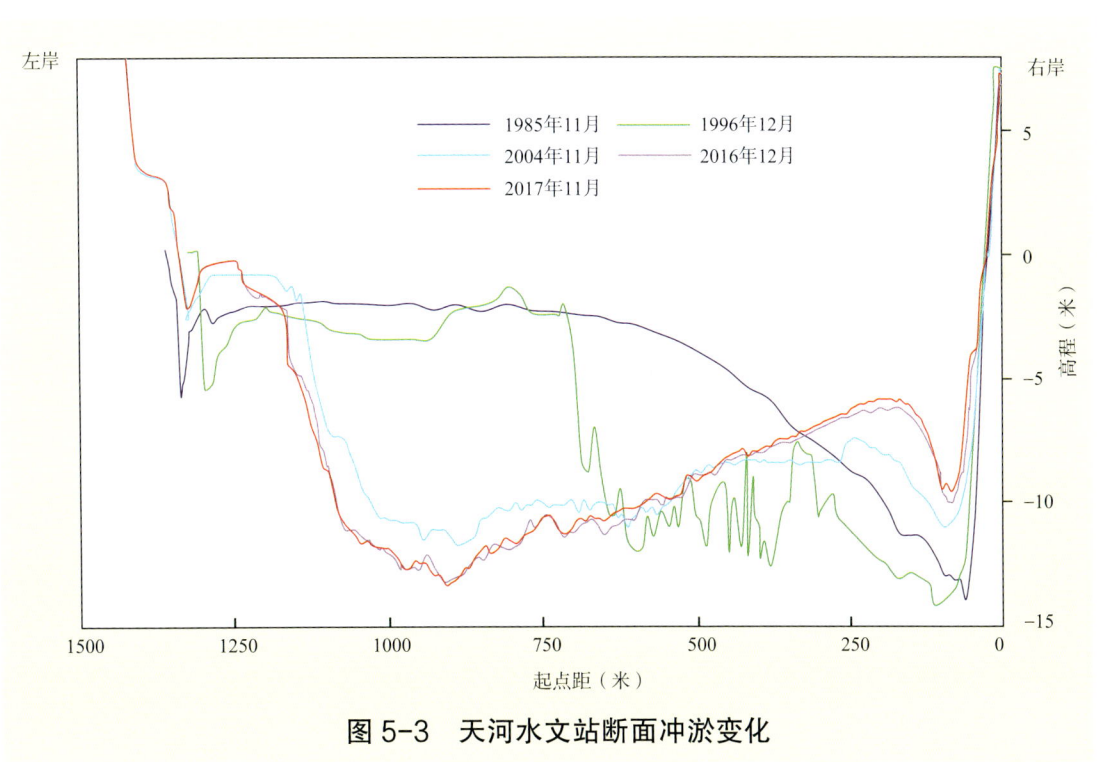

图5-3 天河水文站断面冲淤变化

松花江上游段（吴英志 摄）

第六章 松花江与辽河

一、概述

（一）松花江

2017年松花江流域主要水文控制站实测径流量与多年平均值比较，第二松花江扶余站偏大13%，其他站偏小25%～64%；与近10年平均值比较，扶余站基本持平，其他站偏小16%～56%；与上年度比较，扶余站基本持平，其他站减小12%～23%。

2017年松花江流域主要水文控制站实测输沙量与多年平均值比较，各站偏小15%～76%；与近10年平均值比较，扶余站偏大24%，其他站偏小33%～84%；与上年度比较，扶余站和干流哈尔滨站分别增大116%和40%，其他站减小33%～42%。

2017年嫩江江桥水文站断面河槽基本稳定，右侧略有拓宽，其他无明显冲淤变化。

（二）辽河

2017年辽河流域主要水文控制站实测径流量与多年平均值比较，西拉木伦河巴林桥站基本持平，其他站偏小24%～89%；与近10年平均值比较，巴林桥站和柳河新民站分别偏大26%和108%，其他站偏小18%～45%；与上年度比较，新民站增大92%，老哈河兴隆坡站基本持平，其他站减小12%～39%。

2017年辽河流域主要水文控制站实测输沙量与多年平均值比较，各站偏小21%～100%；与近10年平均值比较，新民站偏大493%，其他站偏小8%～88%；与上年度比较，新民站增加831%，其他站减小15%～81%。

辽河干流六间房水文站断面形态2003年以来总体比较稳定，河槽有冲有淤；与上年比较，2017年六间房站断面主槽基本稳定，河槽右侧略有缩窄。

二、径流量与输沙量

（一）松花江

1. 2017 年实测水沙特征值

2017 年松花江流域主要水文控制站实测水沙特征值与多年平均值、近 10 年平均值及 2016 年值的比较见表 6-1 和图 6-1。

表 6-1　松花江流域主要水文控制站实测水沙特征值对比表

河　流		嫩　江	嫩　江	第二松花江	松花江干流	松花江干流
水文控制站		江　桥	大　赉	扶　余	哈尔滨	佳木斯
控制流域面积（万平方公里）		16.26	22.17	7.18	38.98	52.83
年径流量（亿立方米）	多年平均	205.6 (1955—2015年)	208.4 (1955—2015年)	147.7 (1955—2015年)	407.4 (1955—2015年)	634.0 (1955—2015年)
	近10年平均	179.2	167.5	161.9	351.2	567.4
	2016年	102.0	92.58	172.1	306.9	541.2
	2017年	78.20	75.89	166.3	270.9	475.5
年输沙量（万吨）	多年平均	218 (1955—2015年)	170 (1955—2015年)	198 (1955—2015年)	590 (1955—2015年)	1250 (1955—2015年)
	近10年平均	326	273	136	278	1120
	2016年	78.6	81.8	77.6	133	1000
	2017年	53.0	47.7	168	186	645
年平均含沙量（千克/立方米）	多年平均	0.106 (1955—2015年)	0.081 (1955—2015年)	0.134 (1955—2015年)	0.145 (1955—2015年)	0.197 (1955—2015年)
	2016年	0.077	0.088	0.045	0.044	0.185
	2017年	0.068	0.063	0.101	0.069	0.136
输沙模数[吨/(年·平方公里)]	多年平均	13.4 (1955—2015年)	7.65 (1955—2015年)	27.6 (1955—2015年)	15.1 (1955—2015年)	23.6 (1955—2015年)
	2016年	4.83	3.69	10.8	3.41	18.9
	2017年	3.26	2.15	23.4	4.77	12.2

2017 年松花江流域主要水文控制站实测径流量与多年平均值比较，第二松花江扶余站偏大 13%，嫩江江桥、大赉、干流哈尔滨和佳木斯各站分别偏小 62%、64%、34% 和 25%；与近 10 年平均值比较，扶余站基本持平，江桥、大赉、哈尔滨和佳木斯各站分别偏小 56%、55%、23% 和 16%；与上年度比较，扶余站基本持平，江桥、大赉、哈尔滨和佳木斯各站分别减小 23%、18%、12% 和 12%。

2017 年松花江流域主要水文控制站实测输沙量与多年平均值比较，江桥、大赉、扶余、哈尔滨和佳木斯各站分别偏小 76%、72%、15%、68% 和 48%；与近 10 年平均值比较，扶余站偏大 24%，江桥、大赉、哈尔滨和佳木斯各站分别偏小 84%、83%、

33%和42%；与上年度比较，扶余站和哈尔滨站分别增大116%和40%，江桥、大赉和佳木斯各站分别减小33%、42%和36%。

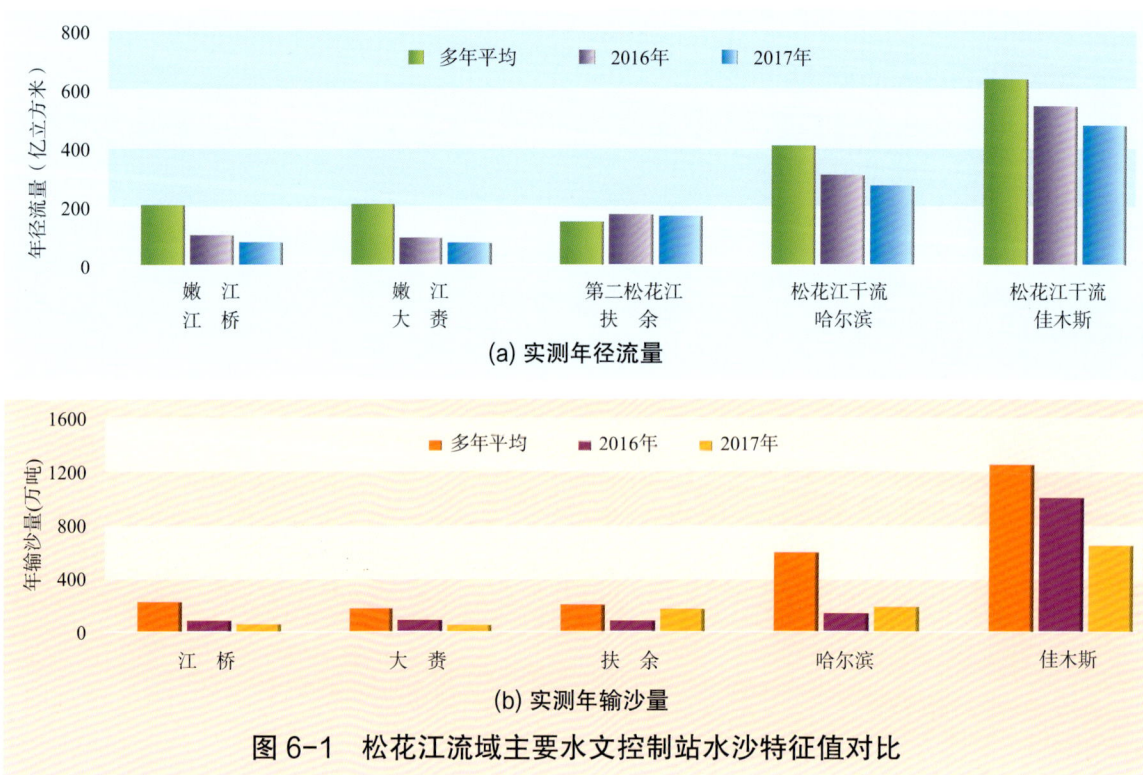

图6-1 松花江流域主要水文控制站水沙特征值对比

2. 径流量与输沙量年内变化

2017年松花江流域主要水文控制站逐月径流量与输沙量的变化见图6-2。2017年松花江流域各站径流量和输沙量主要集中在5—10月，分别占全年的66%~76%和58%~96%。其中，江桥站和大赉站径流量和输沙量分布相对均匀，扶余、哈尔滨和佳木斯各站分布较集中。

（二）辽河

1. 2017年实测水沙特征值

2017年辽河流域主要水文控制站实测水沙特征值与多年平均值、近10年平均值及2016年值的比较见表6-2和图6-3。

2017年辽河流域主要水文控制站实测径流量与多年平均值比较，西拉木伦河巴林桥站基本持平，老哈河兴隆坡、柳河新民、辽河干流铁岭和六间房各站分别偏小89%、24%、45%和45%；与近10年平均值比较，巴林桥站和新民站分别偏大26%

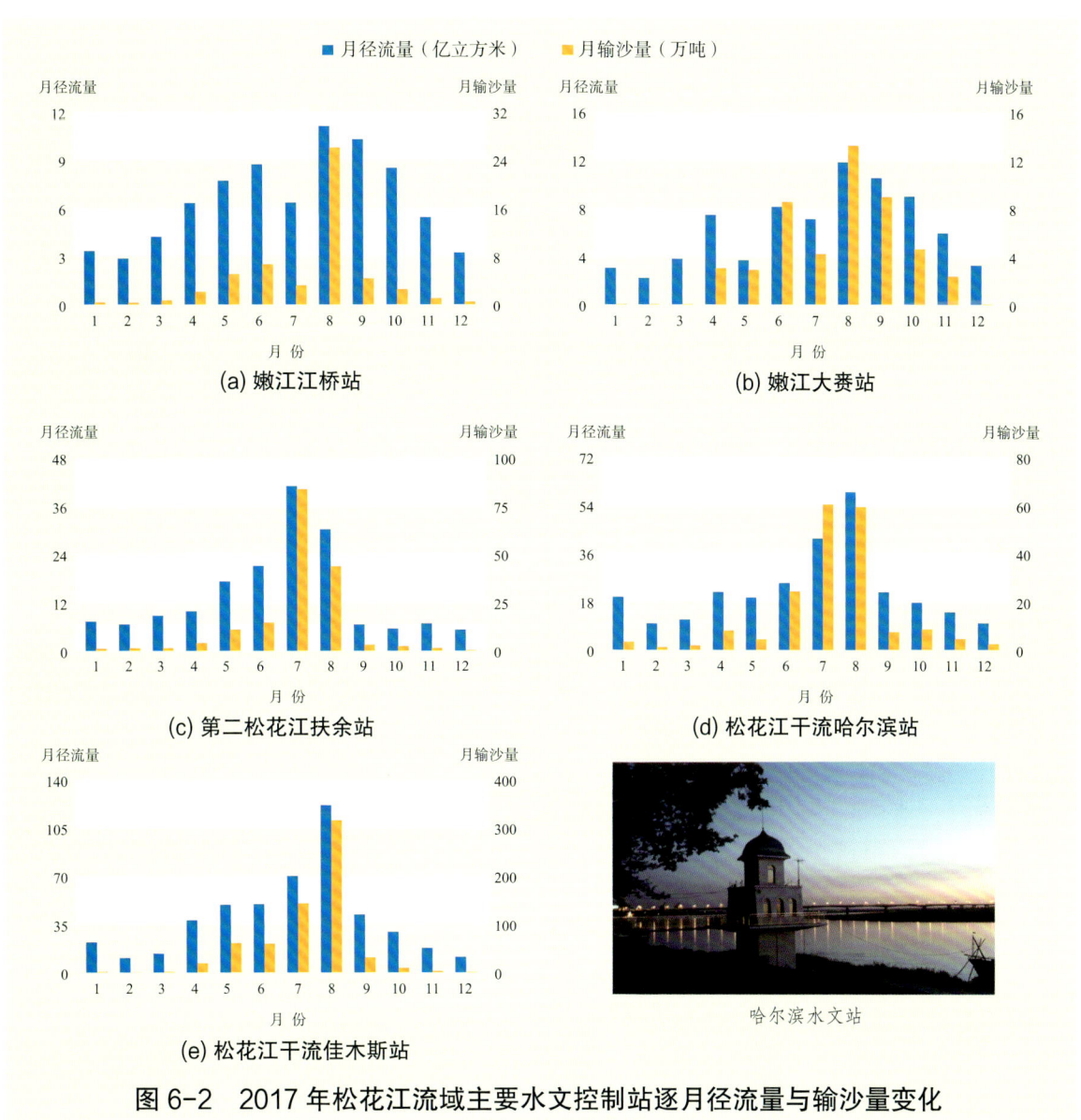

图 6-2 2017 年松花江流域主要水文控制站逐月径流量与输沙量变化

和 108%，兴隆坡、铁岭和六间房各站分别偏小 18%、36% 和 45%；与上年度比较，新民站增大 92%，兴隆坡站基本持平，巴林桥、铁岭和六间房各站分别减小 12%、33% 和 39%。

2017 年辽河流域主要水文控制站实测输沙量与多年平均值比较，兴隆坡、巴林桥、新民、铁岭和六间房各站分别偏小近 100%、52%、21%、97% 和 77%；与近 10 年平均值比较，新民站偏大 493%，兴隆坡、巴林桥、铁岭和六间房各站分别偏小 88%、8%、72% 和 54%；与上年度比较，新民站增大 831%，兴隆坡、巴林桥、铁岭和六间房各站分别减小 81%、15%、66% 和 21%。

表 6-2 辽河流域主要水文控制站实测水沙特征值对比表

河　　流		老哈河	西拉木伦河	柳　河	辽河干流	辽河干流
水文控制站		兴隆坡	巴林桥	新　民	铁　岭	六间房
控制流域面积 （万平方公里）		1.91	1.12	0.56	12.08	13.65
年径流量 （亿立方米）	多年平均	4.672 (1963—2015年)	3.211 (1994—2015年)	2.083 (1965—2015年)	29.21 (1954—2015年)	29.17 (1987—2015年)
	近10年平均	0.6208	2.452	0.7651	25.18	29.06
	2016年	0.5351	3.493	0.8312	24.12	26.33
	2017年	0.5118	3.084	1.592	16.18	15.93
年输沙量 （万吨）	多年平均	1260 (1963—2015年)	434 (1994—2015年)	356 (1965—2015年)	1070 (1954—2015年)	376 (1987—2015年)
	近10年平均	17.8	226	47.8	114	186
	2016年	11.6	244	30.4	93.2	109
	2017年	2.15	207	283	32.1	85.7
年平均 含沙量 （千克/立方米）	多年平均	27.0 (1963—2015年)	13.5 (1994—2015年)	17.1 (1965—2015年)	3.65 (1954—2015年)	1.29 (1987—2015年)
	2016年	2.16	7.03	3.66	0.387	0.413
	2017年	0.420	6.71	17.8	0.199	0.538
年平均 中数粒径 （毫米）	多年平均	0.024 (1982—2015年)	0.024 (1994—2015年)		0.030 (1962—2015年)	
	2016年	0.017	0.015		0.013	
	2017年	0.014	0.019		0.016	
输沙模数 [吨/(年·平方公里)]	多年平均	660 (1963—2015年)	388 (1994—2015年)	636 (1965—2015年)	88.2 (1954—2015年)	27.5 (1987—2015年)
	2016年	6.07	218	54.3	7.72	7.99
	2017年	1.13	185	505	2.66	6.28

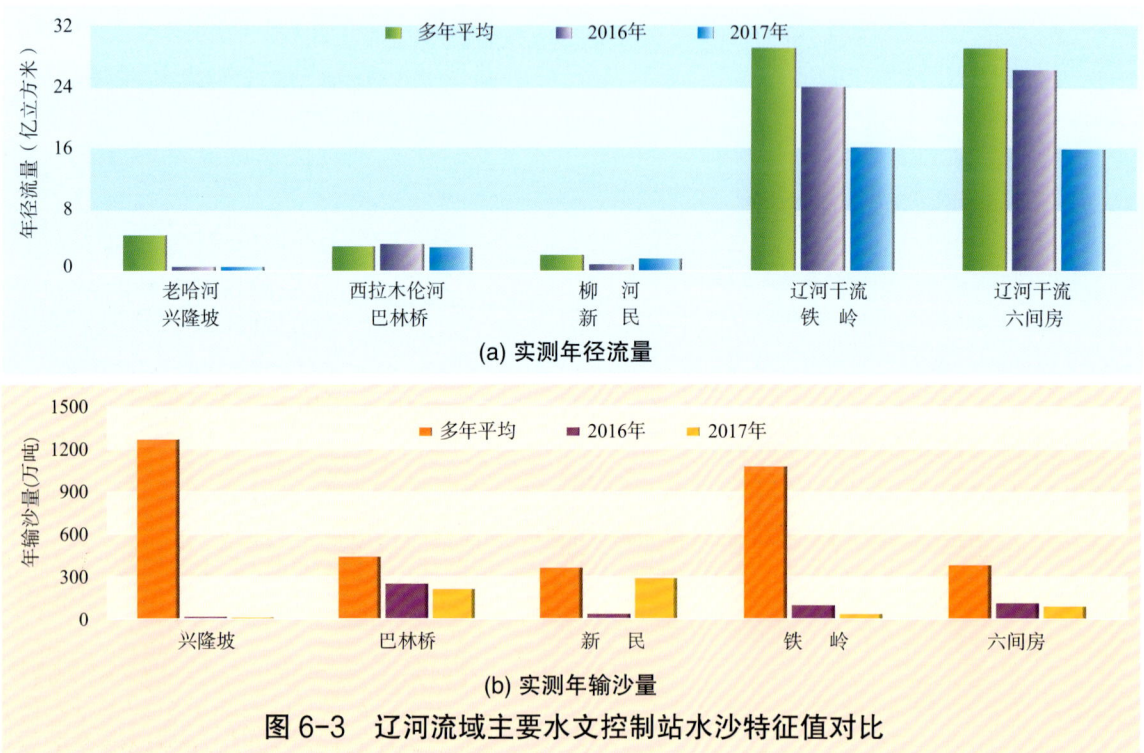

(a) 实测年径流量

(b) 实测年输沙量

图 6-3 辽河流域主要水文控制站水沙特征值对比

2. 径流量与输沙量年内变化

2017年辽河流域主要水文控制站逐月径流量与输沙量的变化见图6-4。2017年辽河流域各水文站径流量和输沙量年内分布差异较大，兴隆坡站径流量和输沙量主要集中在7—10月，分别占全年的59%和近100%；巴林桥站主要集中在3—10月，分别占全年的91%和99%；新民站主要集中在8月，分别占全年的78%和98%；铁岭站和六间房站主要集中在4—9月，径流量分别占全年的78%和73%，输沙量均占全年的96%。

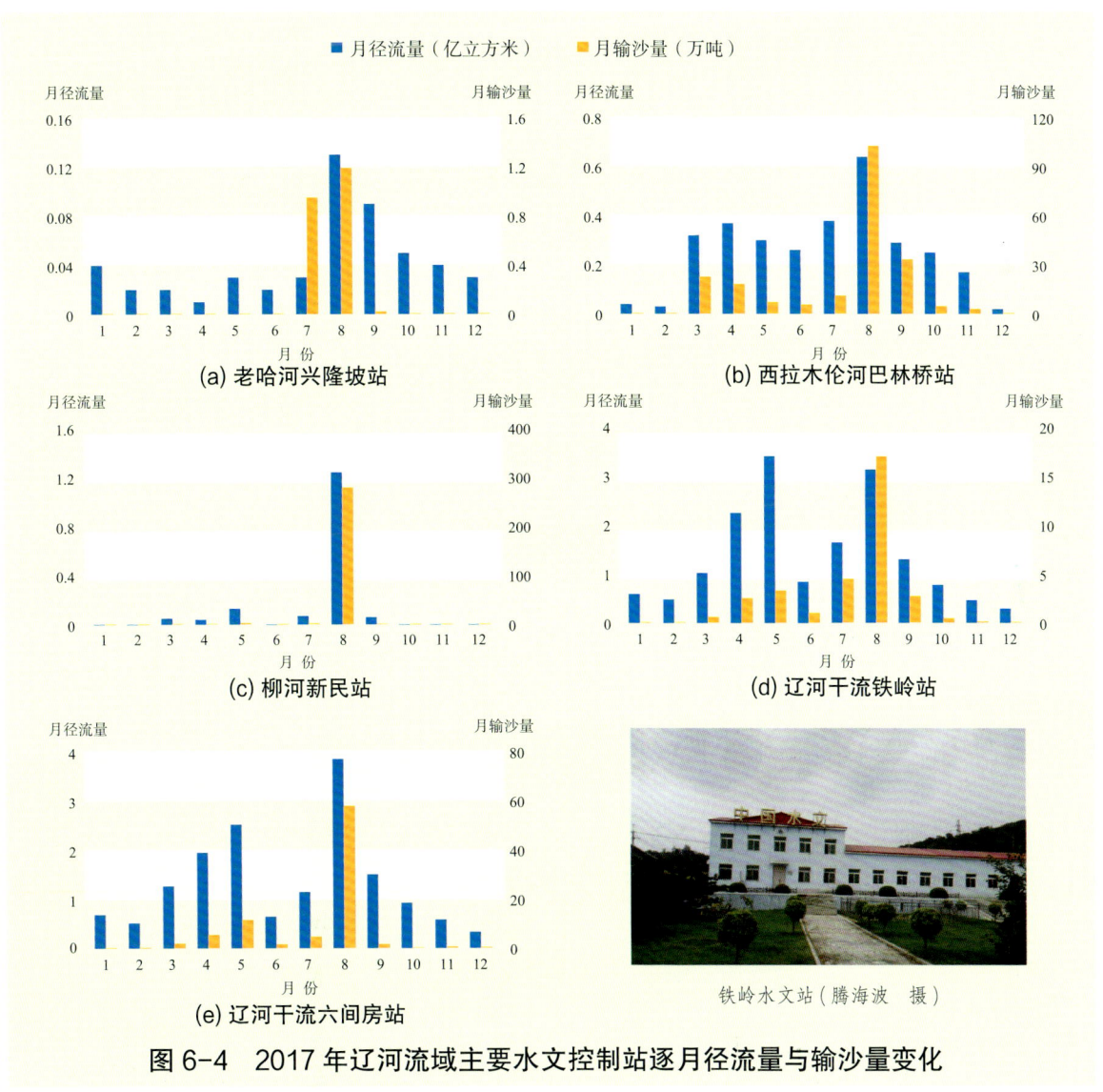

图6-4 2017年辽河流域主要水文控制站逐月径流量与输沙量变化

三、典型断面冲淤变化

（一）嫩江江桥水文站断面

嫩江江桥水文站断面河床冲淤变化见图6-5（大连基面）。与上年比较，2017年江桥站断面河槽基本稳定，右侧略有拓宽，其他无明显冲淤变化。

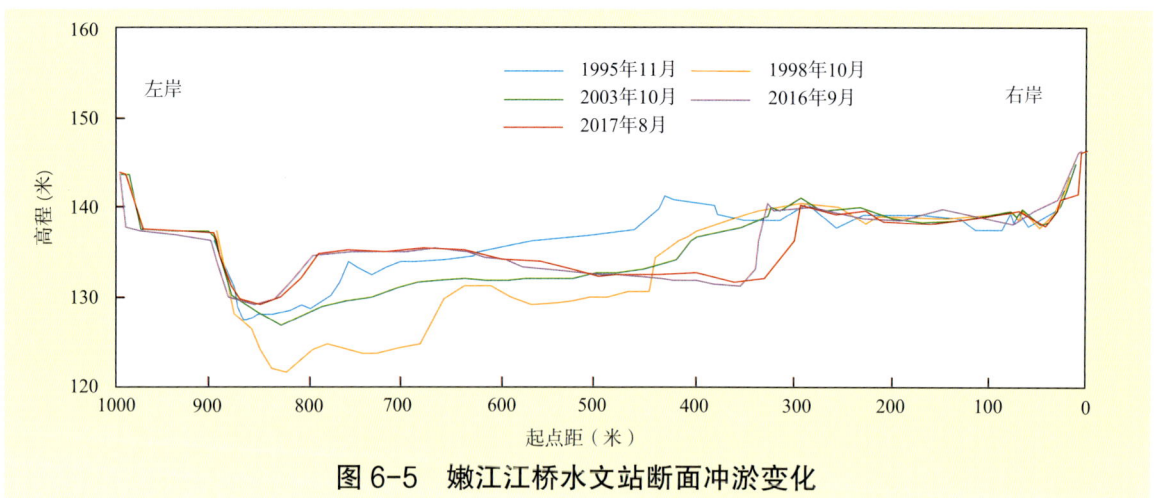

图 6-5　嫩江江桥水文站断面冲淤变化

（二）辽河干流六间房水文站断面

辽河六间房水文站位于辽河干流下游，是辽河下游流量控制站。六间房水文站断面形态 2003 年以来总体比较稳定，滩地冲淤变化不明显；河槽有冲有淤，深泓略有变化，其中 2003—2009 年，主槽略有淤积，左岸发生冲刷，右岸发生淤积；2010 年以后，深泓主槽发生左移，河槽基本稳定，且 2016 年主槽发生淤积，断面右侧扩宽。与上年比较，2017 年六间房站断面主槽基本稳定，河槽右侧略有缩窄。辽河干流六间房水文站断面冲淤变化见图 6-6。

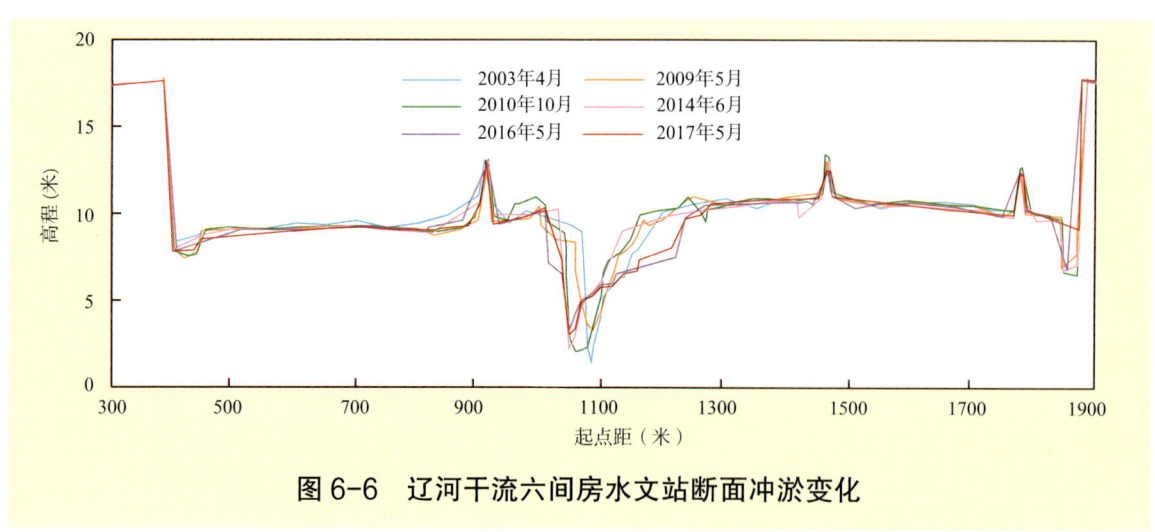

图 6-6　辽河干流六间房水文站断面冲淤变化

新安江上游安徽省歙县河段（许红燕 摄）

第七章 东南河流

一、概述

以钱塘江和闽江作为东南河流的代表性河流。

（一）钱塘江

2017年钱塘江流域主要水文控制站实测径流量与多年平均值比较，曹娥江上虞东山站和浦阳江诸暨站分别偏小43%和12%，其他站基本持平；与近10年平均值比较，各站偏小12%～38%；与上年度比较，各站减小21%～36%。2017年钱塘江流域主要水文控制站实测输沙量与多年平均值比较，兰江兰溪站偏大30%，其他站偏小16%～63%；与近10年平均值比较，衢江衢州站基本持平，其他站偏小13%～54%；与上年度比较，衢州站增大55%，其他站基本持平。

2017年兰江兰溪站断面总体稳定，局部略有淤积。

（二）闽江

2017年闽江流域主要水文控制站实测径流量与多年平均值比较，沙溪沙县（石桥）站基本持平，其他站偏小6%～14%；与近10年平均值比较，大樟溪永泰（清水壑）站基本持平，其他站偏小7%～20%；与上年度比较，各站减少45%～50%。2017年闽江流域主要水文控制站实测输沙量与多年平均值比较，各站偏小53%～85%；与近10年平均值比较，各站偏小57%～88%；与上年度比较，各站减少77%～93%。

2017年闽江竹岐水文站断面在左岸附近局部冲刷，其他部位无明显冲淤变化。

二、径流量与输沙量

（一）钱塘江

1. 2017年实测水沙特征值

2017年钱塘江流域主要水文控制站实测水沙特征值与多年平均值、近10年平均值及2016年值的比较见表7-1和图7-1。

表 7-1 钱塘江流域主要水文控制站实测水沙特征值对比表

河流		衢江	兰江	曹娥江	浦阳江
水文控制站		衢州	兰溪	上虞东山	诸暨
控制流域面积（万平方公里）		0.54	1.82	0.45	0.17
年径流量（亿立方米）	多年平均	62.49 (1958—2015年)	169.5 (1977—2015年)	39.13 (2012—2015年)	11.85 (1956—2015年)
	近10年平均	70.98	194.3	35.50	13.77
	2016年	78.60	226.6	34.37	15.44
	2017年	62.41	168.4	22.15	10.41
年输沙量（万吨）	多年平均	103 (1958—2015年)	225 (1977—2015年)	47.4 (2012—2015年)	16.7 (1956—2015年)
	近10年平均	86.0	336	37.5	10.9
	2016年	55.7	279	17.9	7.42
	2017年	86.1	293	17.4	7.30
年平均含沙量（千克/立方米）	多年平均	0.165 (1958—2015年)	0.133 (1977—2015年)	0.121 (2012—2015年)	0.141 (1956—2015年)
	2016年	0.071	0.123	0.052	0.048
	2017年	0.138	0.174	0.078	0.070
输沙模数[吨/(年·平方公里)]	多年平均	191 (1958—2015年)	124 (1977—2015年)	105 (2012—2015年)	98.0 (1956—2015年)
	2016年	103	153	40.1	43.2
	2017年	159	161	39.0	42.5

注 1. 衢州站近10年平均年径流量和平均年输沙量是2010—2017年的平均值；上虞东山站近10年平均年径流量和平均年输沙量是2012—2017年的平均值。
2. 上虞东山站上游汤浦水库管网引水量和曹娥江引水工程引水量未参加径流量计算。

2017年钱塘江流域主要水文控制站实测径流量与多年平均值比较，曹娥江上虞东山站和浦阳江诸暨站分别偏小43%和12%，其他站基本持平；与近10年平均值比较，衢江衢州、兰江兰溪、上虞东山和诸暨各站分别偏小12%、13%、38%和24%；与上年度比较，上述各站分别减小21%、26%、36%和33%。2017年钱塘江流域主要水文控制站实测输沙量与多年平均值比较，兰溪站偏大30%，衢州、上虞东山和诸暨各站分别偏小16%、63%和56%；与近10年平均值比较，衢州站基本持平，兰溪、上虞东山和诸暨各站分别偏小13%、54%和33%；与上年度比较，衢州站增大55%，其他站基本持平。

2. 径流量与输沙量年内变化

2017年钱塘江流域主要水文控制站逐月径流量与输沙量的变化见图7-2。2017年钱塘江流域主要水文控制站径流量和输沙量主要集中在3—7月，分别占全年的76%～85%和91%～99%，其中各站6月输沙量占全年的74%～87%。

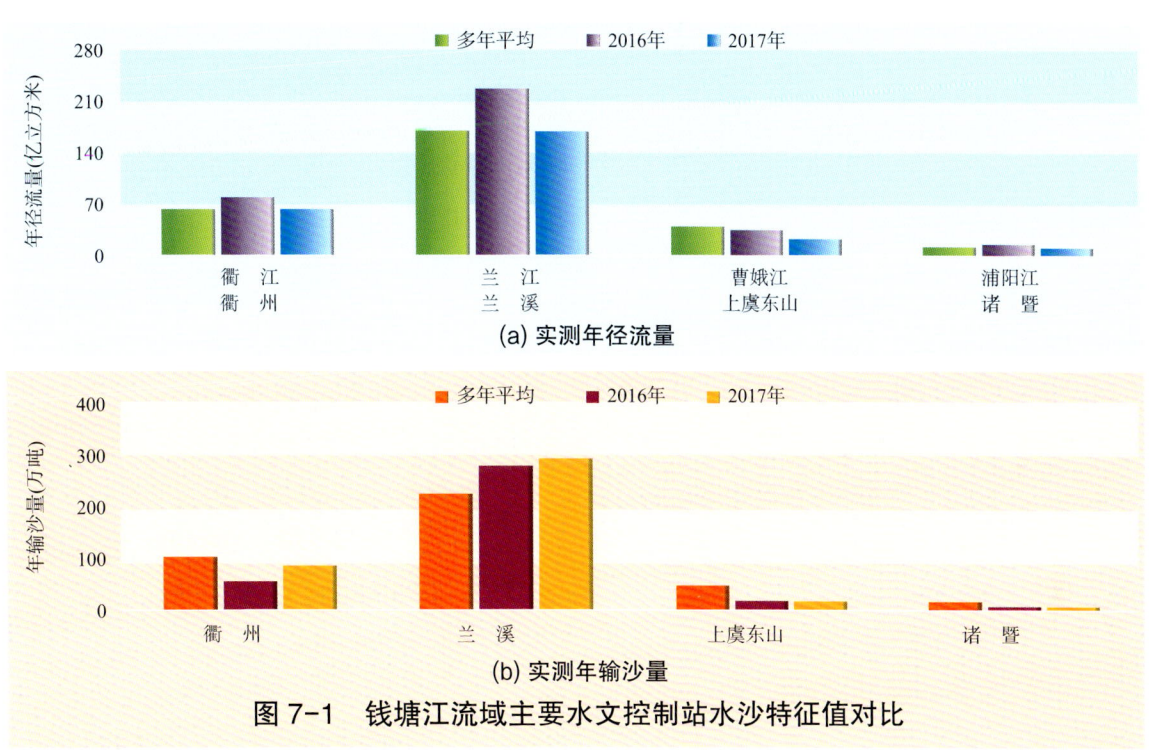

(a) 实测年径流量

(b) 实测年输沙量

图 7-1 钱塘江流域主要水文控制站水沙特征值对比

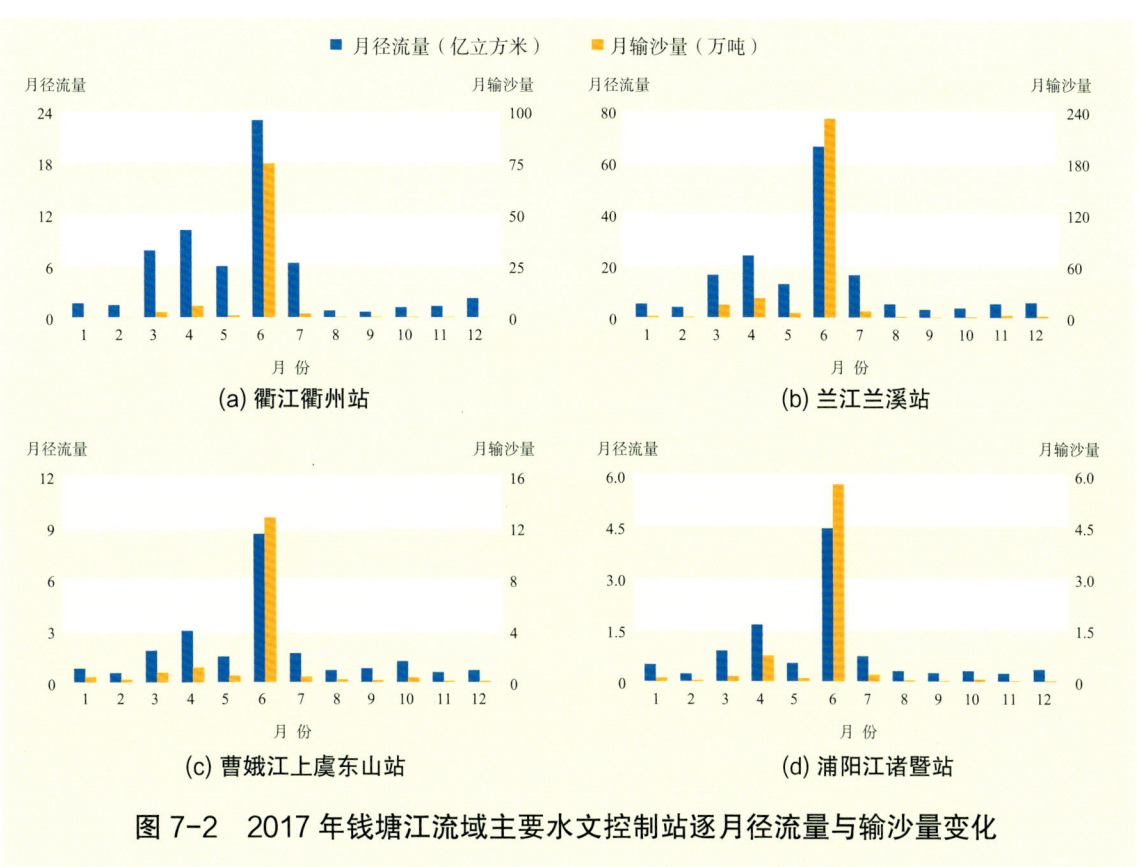

(a) 衢江衢州站

(b) 兰江兰溪站

(c) 曹娥江上虞东山站

(d) 浦阳江诸暨站

图 7-2 2017 年钱塘江流域主要水文控制站逐月径流量与输沙量变化

（二）闽江

1. 2017 年实测水沙特征值

2017 年闽江流域主要水文控制站实测水沙特征值与多年平均值、近 10 年平均值及 2016 年值的比较见表 7-2 和图 7-3。

2017 年闽江干流控制站竹岐站实测径流量比多年平均值、近 10 年平均值和上年度值分别偏小 7%、13% 和 47%；实测年输沙量比多年平均值、近 10 年平均值和上年度值分别偏小 85%、63% 和 82%。

表 7-2　闽江流域主要水文控制站实测水沙特征值对比表

河　　流		闽　江	建　溪	富屯溪	沙　溪	大樟溪
水文控制站		竹　岐	七里街	洋　口	沙县（石桥）	永泰（清水壑）
控制流域面积（万平方公里）		5.45	1.48	1.27	0.99	0.40
年径流量（亿立方米）	多年平均	536.8 (1950—2015 年)	156.1 (1953—2015 年)	138.5 (1952—2015 年)	92.66 (1952—2015 年)	36.60 (1952—2015 年)
	近 10 年平均	577.6	167.8	158.3	96.60	31.85
	2016 年	942.6	252.5	253.6	171.6	63.21
	2017 年	501.8	139.1	130.9	89.90	31.66
年输沙量（万吨）	多年平均	546 (1950—2015 年)	147 (1953—2015 年)	129 (1952—2015 年)	106 (1952—2015 年)	52.6 (1952—2015 年)
	近 10 年平均	227	124	279	121	35.4
	2016 年	475	255	494	218	108
	2017 年	83.4	43.1	32.2	49.7	15.1
年平均含沙量（千克/立方米）	多年平均	0.102 (1950—2015 年)	0.094 (1953—2015 年)	0.092 (1952—2015 年)	0.113 (1952—2015 年)	0.144 (1952—2015 年)
	2016 年	0.050	0.101	0.195	0.127	0.171
	2017 年	0.017	0.031	0.025	0.055	0.048
输沙模数[吨/(年·平方公里)]	多年平均	100 (1950—2015 年)	100 (1953—2015 年)	102 (1952—2015 年)	107 (1952—2015 年)	131 (1952—2015 年)
	2016 年	87.2	172	390	69.1	268
	2017 年	15.3	29.1	25.4	50.2	37.4

2017 年闽江流域主要支流水文控制站实测径流量与多年平均值比较，沙溪沙县（石桥）站基本持平，富屯溪洋口、建溪七里街和大樟溪永泰（清水壑）各站分别偏小 6%、11% 和 14%；与近 10 年平均值比较，沙县（石桥）、七里街和洋口各站分别偏小 7%、18% 和 20%，永泰（清水壑）站基本齐平；与上年度比较，七里街、洋口、沙县（石桥）和永泰（清水壑）各站分别减少 45%、48%、48% 和 50%。2017 年闽江流域主要支流水文控制站实测输沙量与多年平均值比较，沙县（石桥）、七里街、永泰（清水壑）和洋口各站分别偏小 53%、71%、71% 和 75%；与近 10 年平均值比较，上述各站分别

偏小59%、65%、57%和88%;与上年度比较,上述各站分别减少77%、83%、86%和93%。

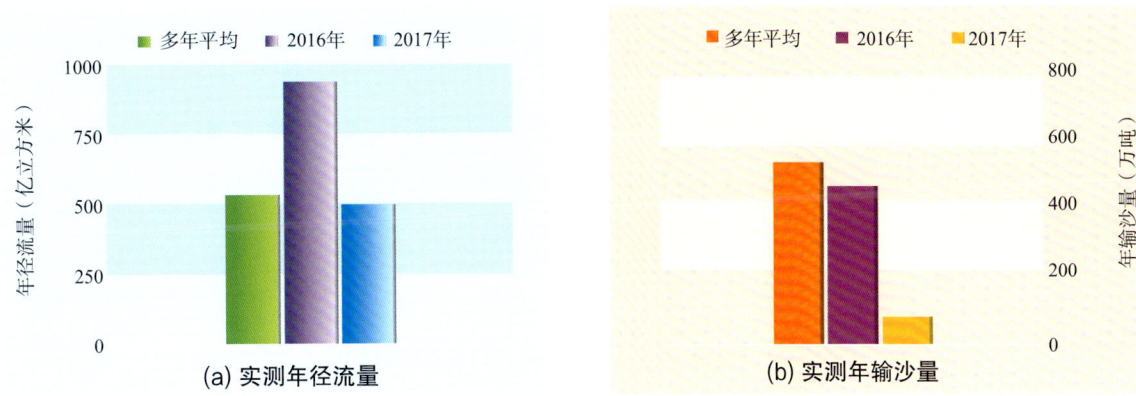

图7-3 闽江竹岐站水沙特征值对比

2. 径流量与输沙量年内变化

2017年闽江竹岐站逐月径流量与输沙量变化见图7-4。2017年闽江干流竹岐站径流量和输沙量年内分布主要集中在4—7月,分别占全年的56%和75%。最大月径流量和输沙量均出现在6月,分别占全年的23%和45%。

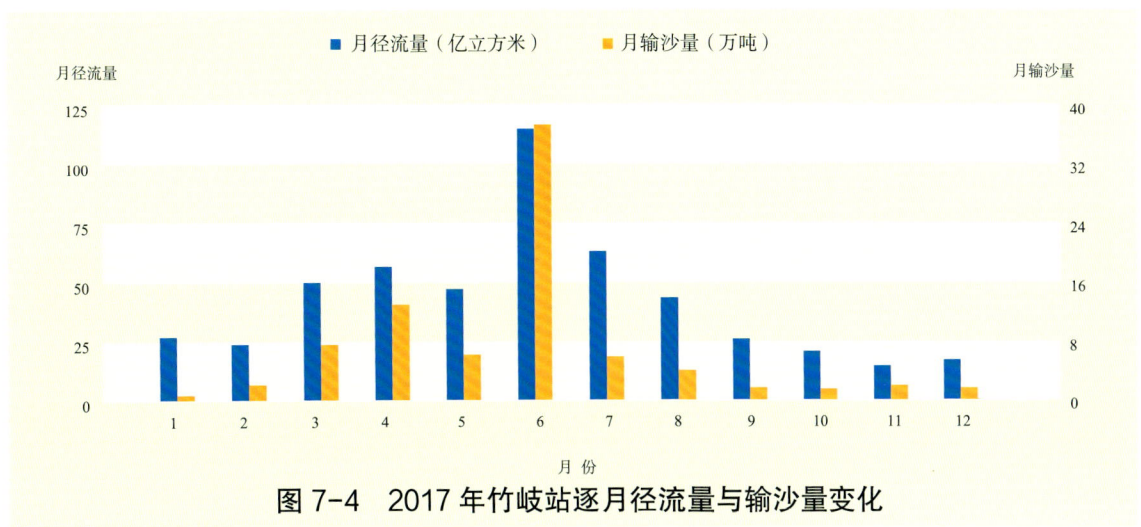

图7-4 2017年竹岐站逐月径流量与输沙量变化

三、典型断面冲淤变化

(一)兰江兰溪水文站断面

钱塘江流域兰江兰溪水文站断面冲淤变化见图7-5。与2016年比较,2017年7月兰江上游航道开始疏浚，引起大断面发生变化，起点距约160~200米处有淤积，其余部位无明显冲淤变化。

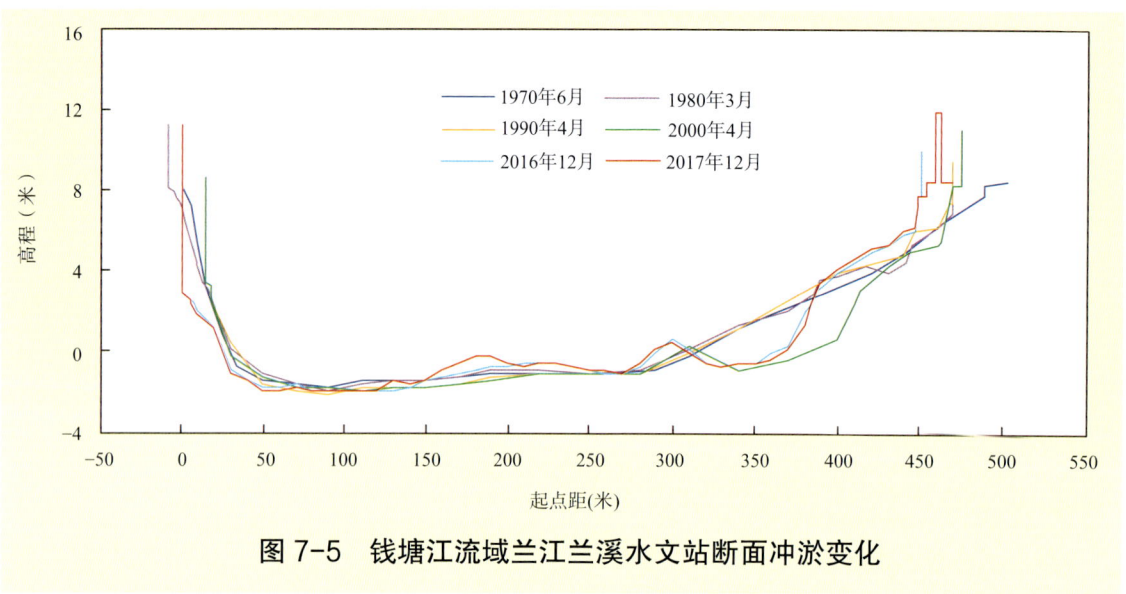

图7-5　钱塘江流域兰江兰溪水文站断面冲淤变化

（二）闽江竹岐水文站断面

闽江干流竹岐水文站断面冲淤变化见图7-6。与2016年相比，2017年竹岐水文站断面在左岸附近（起点距200~250米）有局部的冲刷，其余部位冲淤变化不大。

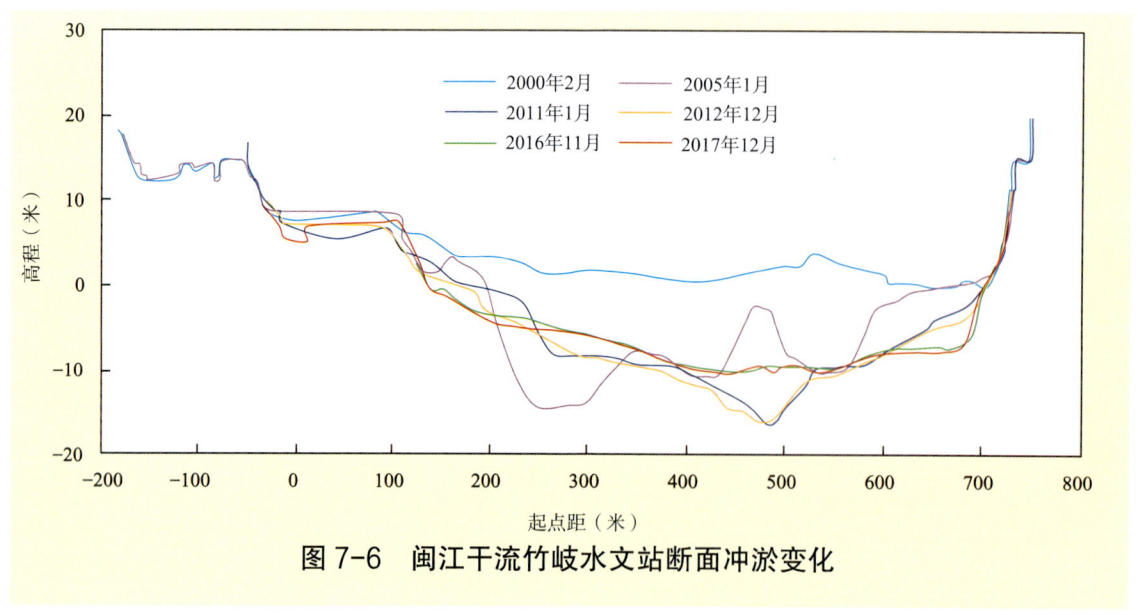

图7-6　闽江干流竹岐水文站断面冲淤变化

黑河干流正义峡口

第八章 内陆河流

一、概述

以塔里木河、黑河和青海湖区部分河流作为内陆河流的代表性河流。

（一）塔里木河

2017年塔里木河流域主要水文控制站实测径流量与多年平均值比较，各站偏大20%～51%；与近10年平均值比较，玉龙喀什河同古孜洛克站基本持平，其他站偏大7%～48%；与上年度比较，同古孜洛克站减小16%，其他站增大9%～20%。

2017年塔里木河流域主要水文站控制站实测输沙量与多年平均值比较，干流阿拉尔站基本持平，开都河焉耆站偏小87%，其他站偏大9%～37%；与近10年平均值比较，焉耆站和同古孜洛克站分别偏小47%和22%，其他站偏大8%～69%；与上年度比较，西大桥（新大河）站基本持平，卡群站和阿拉尔站分别增大11%和123%，焉耆站和同古孜洛克站分别减小21%和14%。

（二）黑河

2017年黑河干流莺落峡站和正义峡站实测径流量与多年平均值比较，分别偏大43%和56%；与近10年值比较，分别偏大14%和28%；与上年度比较，两站基本持平。2017年两站实测输沙量与多年平均值比较，莺落峡站偏小73%，正义峡站偏大11%；与近10年值比较，莺落峡站偏小50%，正义峡站偏大65%；与上年度比较，分别减小87%和27%。

（三）青海湖区

2017年青海湖区布哈河口站和依克乌兰河刚察站实测径流量与多年平均值比较，分别偏大115%和60%；与近10年平均值比较，两站分别偏大37%和22%；与上年度比较，布哈河口站减小22%，刚察站基本持平。

2017年两站实测输沙量与多年平均值比较，布哈河口站偏大111%，刚察站偏小31%；与近10年平均值比较，布哈河口站偏大40%，刚察站偏小38%；与上年度比较，两站分别减小27%和82%。

二、径流量与输沙量

（一）塔里木河

1. 2017 年实测水沙特征值

2017 年塔里木河流域主要水文控制站实测水沙特征值与多年平均值、近 10 年平均值及 2016 年值的比较见表 8-1 及图 8-1。

表 8-1 塔里木河流域主要水文控制站实测水沙特征值对比表

河 流		开都河	阿克苏河	叶尔羌河	玉龙喀什河	塔里木河干流
水文控制站		焉耆	西大桥（新大河）	卡群	同古孜洛克	阿拉尔
控制流域面积（万平方公里）		2.25	4.31	5.02	1.46	
年径流量（亿立方米）	多年平均	25.76 (1956—2015 年)	37.68 (1958—2015 年)	67.29 (1956—2015 年)	22.66 (1964—2015 年)	46.15 (1958—2015 年)
	近 10 年平均	25.39	44.22	75.69	26.91	49.00
	2016 年	32.65	47.34	74.35	32.23	59.37
	2017 年	37.63	56.83	80.94	27.10	69.66
年输沙量（万吨）	多年平均	68.8 (1956—2015 年)	1730 (1958—2015 年)	3120 (1956—2015 年)	1230 (1964—2015 年)	2090 (1958—2015 年)
	近 10 年平均	16.4	1410	3680	1720	1440
	2016 年	10.9	2280	3580	1550	892
	2017 年	8.66	2370	3980	1340	1990
年平均含沙量（千克/立方米）	多年平均	0.267 (1956—2015 年)	4.59 (1958—2015 年)	4.64 (1956—2015 年)	5.43 (1964—2015 年)	4.53 (1958—2015 年)
	2016 年	0.033	4.81	4.81	4.80	1.50
	2017 年	0.023	4.17	4.92	4.94	2.86
输沙模数 [吨/(年·平方公里)]	多年平均			622 (1956—2015 年)	842 (1964—2015 年)	
	2016 年			712	1060	
	2017 年			792	919	

注 泥沙实测资料为不连续水文系列。

2017 年塔里木河干流阿拉尔站实测径流量和输沙量与多年平均值比较，分别偏大 51% 和基本持平；与近 10 年平均值比较，分别偏大 42% 和 38%；与上年度比较，分别增大 17% 和 123%。

2017 年塔里木河流域四条源流主要控制水文站实测径流量与多年平均值比较，开都河焉耆、阿克苏河西大桥（新大河）、玉龙喀什河同古孜洛克和叶尔羌河卡群各站分别偏大 46%、51%、20% 和 20%；与近 10 年平均值比较，同古孜洛克站基本持平，焉耆、西大桥（新大河）和卡群各站分别偏大 48%、29% 和 7%；与上年度比较，焉耆、西大桥（新大河）和卡群各站分别增大 15%、20% 和 9%，同古孜洛克站减少 16%。

2017 年塔里木河流域四条源流主要水文控制站实测输沙量与多年平均值比较，焉耆站偏小 87%，西大桥（新大河）、同古孜洛克和卡群各站分别偏大 37%、9% 和 28%；与近 10 年平均值比较，西大桥（新大河）站和卡群站分别偏大 69% 和 8%，焉耆站和同古孜洛克站分别偏小 47% 和 22%；与上年度比较，卡群站增大 11%，西大桥（新大河）站基本持平，焉耆站和同古孜洛克站分别偏小 21% 和 14%。

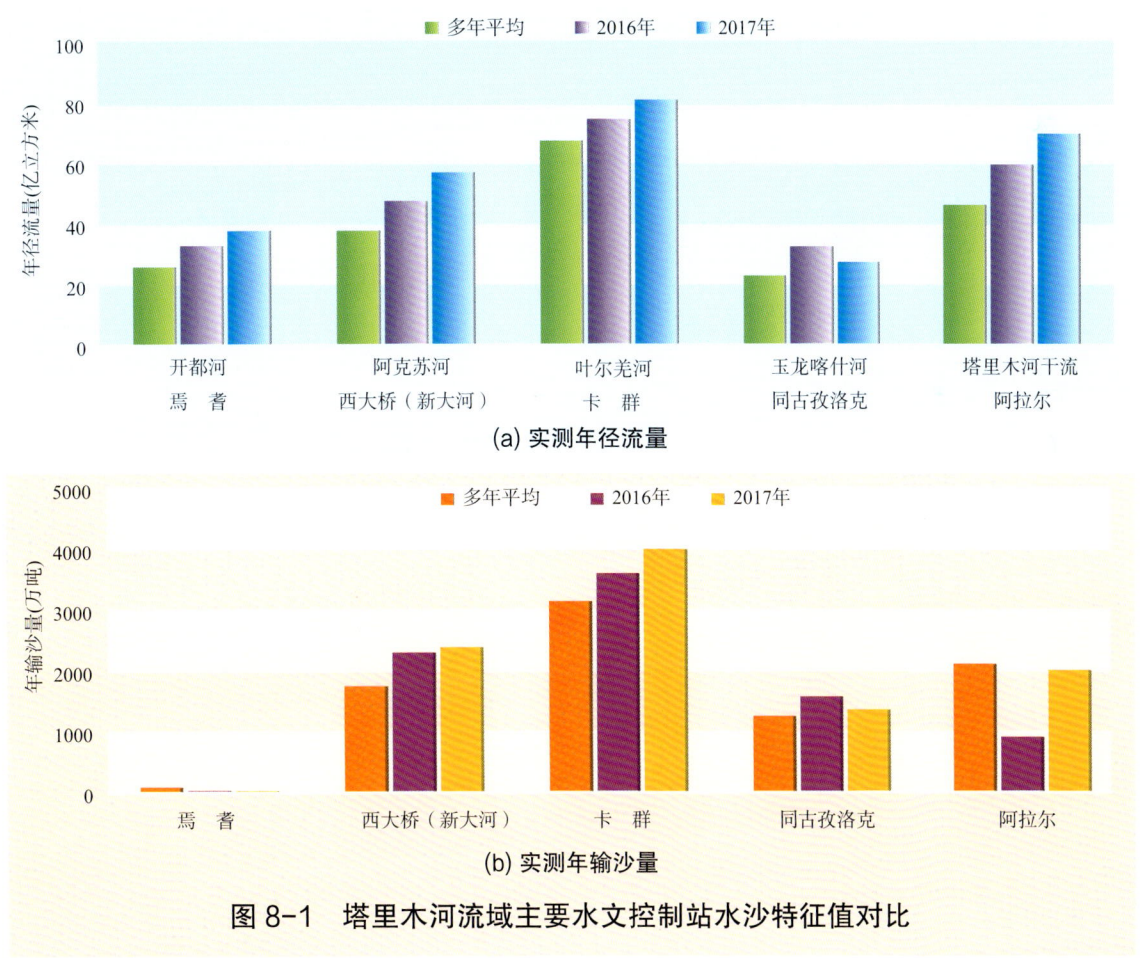

图 8-1　塔里木河流域主要水文控制站水沙特征值对比

2. 径流量与输沙量年内变化

2017 年塔里木河流域主要水文控制站逐月径流量与输沙量的变化见图 8-2。2017 年塔里木河流域主要水文控制站焉耆、西大桥（新大河）、卡群、同古孜洛克和阿拉尔各站径流量和输沙量主要集中在 5—9 月，分别占全年的 69%～93%

和98%～100%。各站最大月径流量和月输沙量出现在7月或8月，分别占全年的18%～38%和32%～65%。

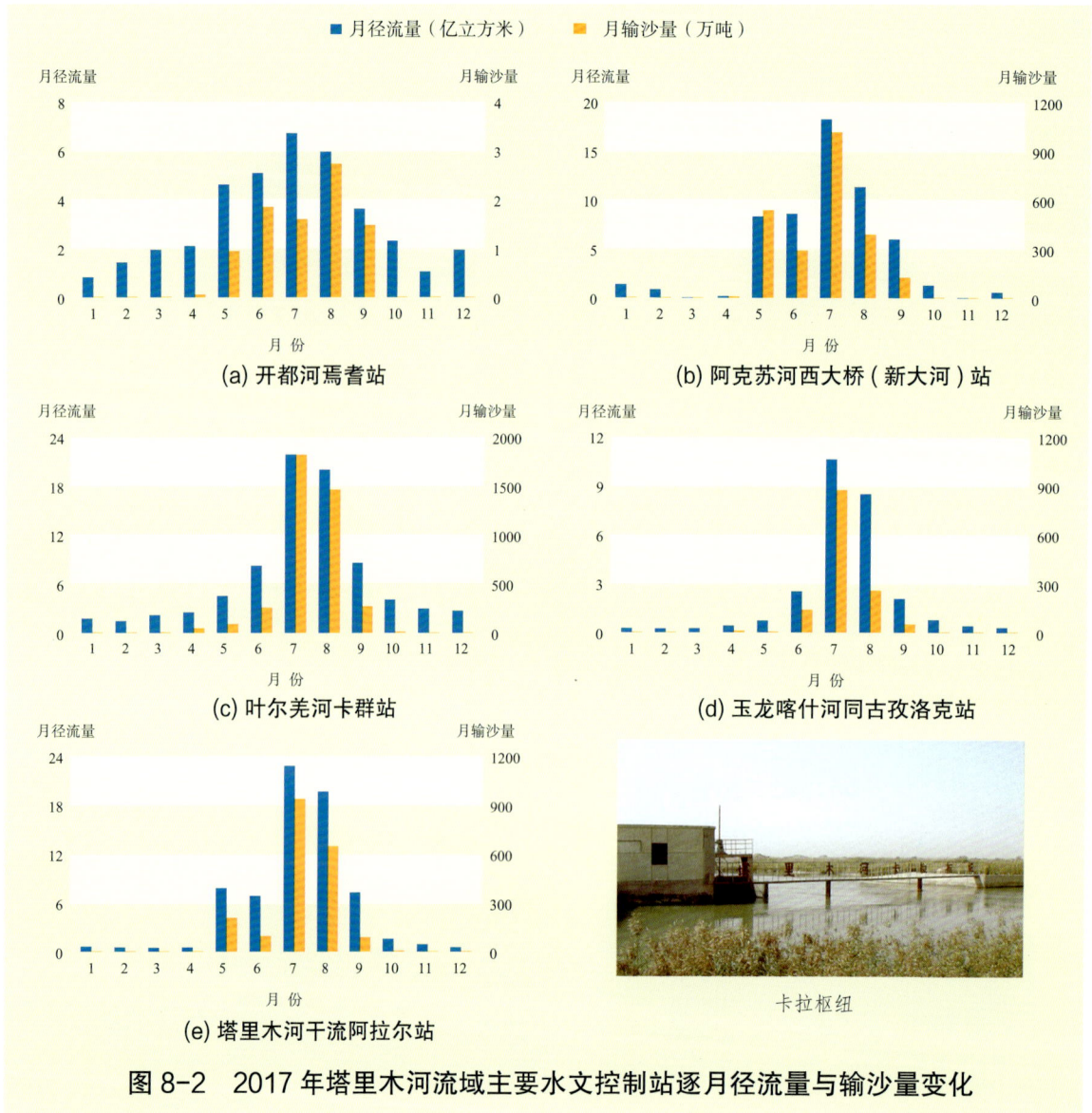

图8-2　2017年塔里木河流域主要水文控制站逐月径流量与输沙量变化

（二）黑河

1. 2017年实测水沙特征值

2017年黑河干流莺落峡站和正义峡站实测水沙特征值与多年平均值、近10年平均值及2016年值的比较见表8-2及图8-3。

与多年平均值比较，2017年莺落峡站和正义峡站实测径流量分别偏大43%和56%；与近10年值比较，两站分别偏大14%和28%；与上年度比较，两站基本持平。

2017年实测年输沙量与多年平均值比较，莺落峡站偏小73%，正义峡站偏大11%；与近10年值比较，莺落峡站偏小50%，正义峡站偏大65%；与上年度比较，两站分别减小87%和27%。

表8-2 黑河干流主要水文控制站实测水沙特征值对比表

水文控制站		莺落峡	正义峡
控制流域面积（万平方公里）		1.00	3.56
年径流量 （亿立方米）	多年平均	16.32 （1950—2015年）	10.19 （1963—2015年）
	近10年平均	20.39	12.44
	2016年	22.62	15.82
	2017年	23.31	15.87
年输沙量 （万吨）	多年平均	199 （1955—2015年）	139 （1963—2015年）
	近10年平均	106	93.4
	2016年	404	211
	2017年	53.5	154
年平均含沙量 （千克/立方米）	多年平均	1.22 （1955—2015年）	1.36 （1963—2015年）
	2016年	1.79	1.33
	2017年	0.230	0.968
输沙模数 [吨/（年·平方公里）]	多年平均	199 （1955—2015年）	39.0 （1963—2015年）
	2016年	404	59.2
	2017年	53.5	43.2

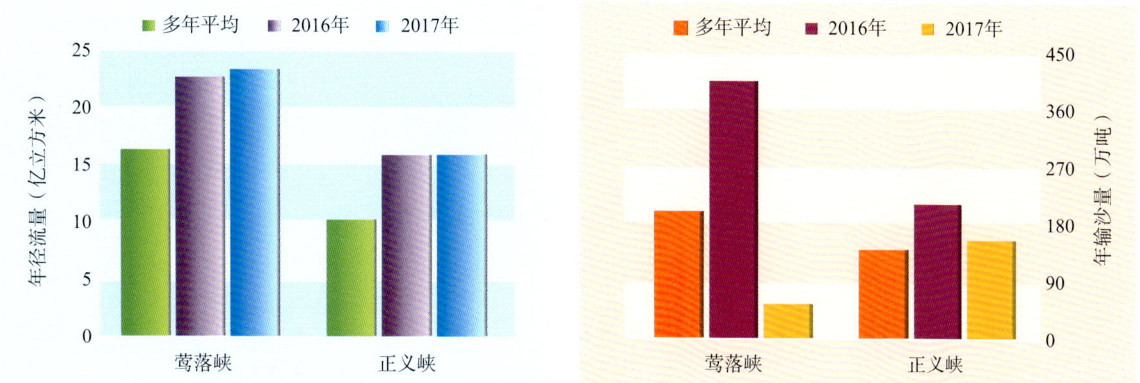

(a) 实测年径流量

(b) 实测年输沙量

图8-3 黑河干流主要水文站水沙特征值对比

2. 径流量与输沙量年内变化

2017年黑河干流莺落峡站和正义峡站逐月径流量与输沙量的变化见图8-4。2017

年黑河干流莺落峡站和正义峡站径流量和输沙量主要集中在 6—10 月，径流量分别占全年的 74% 和 61%，输沙量分别占全年的 98% 和 88%。

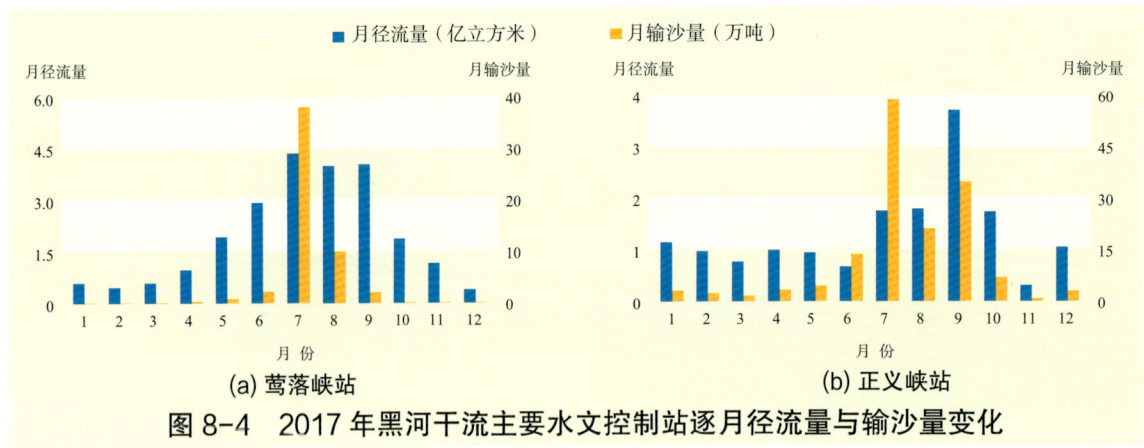

图 8-4　2017 年黑河干流主要水文控制站逐月径流量与输沙量变化

（三）青海湖区

1. 2017 年实测水沙特征值

2017 年青海湖区主要水文控制站实测水沙特征值与多年平均值、近 10 年平均值及 2016 年值的比较见表 8-3 及图 8-5。

表 8-3　青海湖区主要水文控制站实测水沙特征值对比表

河　　流		布哈河	依克乌兰河
水文控制站		布哈河口	刚　察
控制流域面积（万平方公里）		1.43	0.14
年径流量 （亿立方米）	多年平均	8.402 (1957—2015 年)	2.747 (1976—2015 年)
	近 10 年平均	13.21	3.608
	2016 年	23.25	4.551
	2017 年	18.07	4.401
年输沙量 （万吨）	多年平均	36.9 (1966—2015 年)	7.92 (1976—2015 年)
	近 10 年平均	55.4	8.86
	2016 年	107	31.0
	2017 年	77.7	5.45
年平均含沙量 （千克/立方米）	多年平均	0.439 (1966—2015 年)	0.288 (1976—2015 年)
	2016 年	0.459	0.681
	2017 年	0.429	0.124
输沙模数 [吨/（年·平方公里）]	多年平均	25.8 (1966—2015 年)	54.9 (1976—2015 年)
	2016 年	74.6	215
	2017 年	54.2	37.8

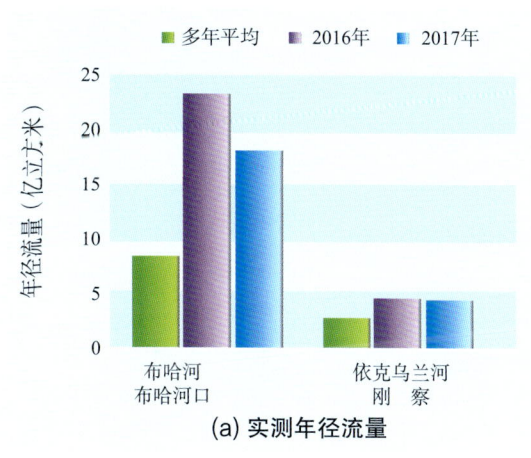
(a) 实测年径流量

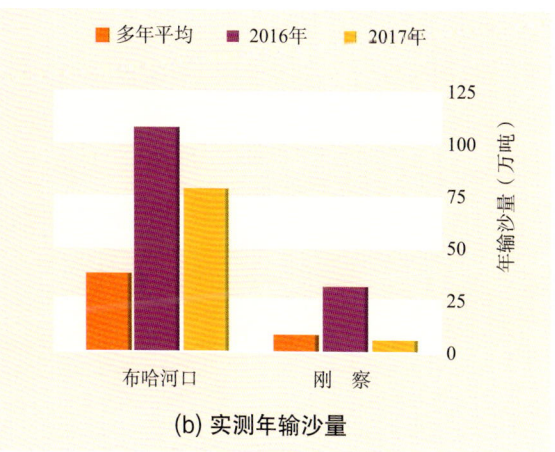
(b) 实测年输沙量

图 8-5 青海湖区主要水文控制站水沙特征值对比

与多年平均值比较，2017年布哈河布哈河口站实测径流量和输沙量分别偏大115%和111%；依克乌兰河刚察站分别偏大60%和偏小31%。与近10年平均值比较，2017年布哈河口站实测径流量和实测输沙量分别偏大37%和40%；刚察站分别偏大22%和偏小38%。与上年度比较，2017年布哈河口站实测径流量和实测输沙量分别减小22%和27%；刚察站实测径流量基本持平，实测输沙量减小82%。

2. 径流量与输沙量年内变化

2017年青海湖区主要水文控制站逐月径流量与输沙量变化见图8-6。2017年青海湖区主要控制水文站径流量和输沙量主要集中在6—10月，布哈河布哈河口站径流量和输沙量分别占全年的89%和99%；依克乌兰河刚察站分别占全年的84%和96%。

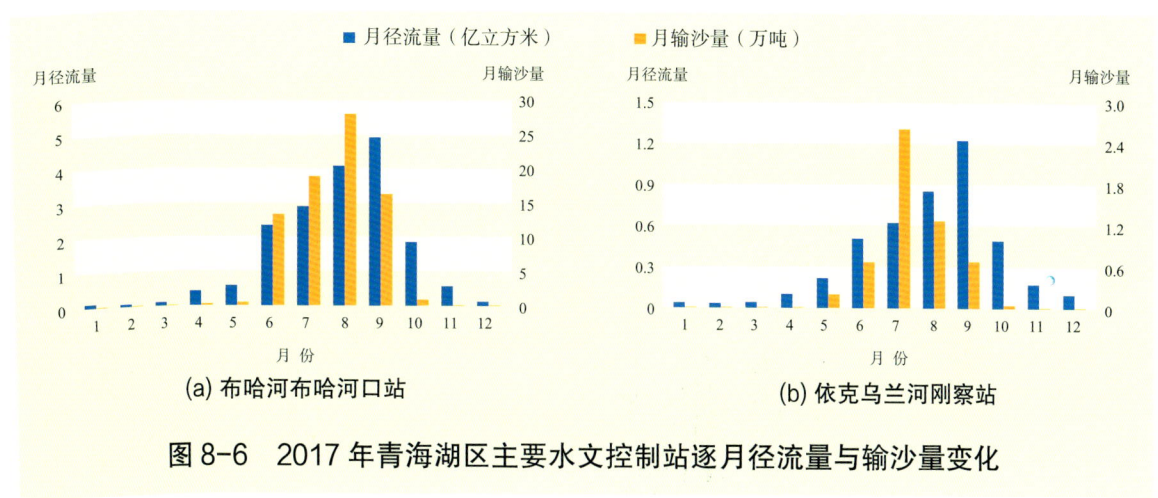

图 8-6 2017年青海湖区主要水文控制站逐月径流量与输沙量变化

编委会

《中国河流泥沙公报》编委会
主 编：叶建春
副主编：刘伟平　蔡建元　蔡　阳
编 委：林祚顶　英爱文　胡春宏　王　俊　谷源泽

《中国河流泥沙公报》编写组成员单位
水利部水文司
水利部水文水资源监测预报中心
各流域机构
各省（自治区、直辖市）水利（水务）厅（局）
国际泥沙研究培训中心

《中国河流泥沙公报》主要参加单位
各流域机构水文局
各省（自治区、直辖市）水文（水资源）（勘测）局（总站）

《中国河流泥沙公报》编写组
组 长：林祚顶　英爱文
副组长：章树安　蒋　蓉　苏佳林　王延贵　刘东生　王怀柏
成 员：（以姓氏笔画为序）
　　　　于　钋　王双旺　王永勇　王光生　甘月云　朱金峰
　　　　杨　丹　杨学军　张燕菁　陈　吟　赵和松　钱名开
　　　　梅军亚　潘启民

《中国河流泥沙公报》主要参加人员（以姓氏笔画为序）
马志瑾　王天友　王亚娟　王光磊　尹建国　刘　成　刘祖辉
关兴中　许红燕　苏　灵　李润苗　杨　新　余赛英　张　楷
张治倩　陈　康　陈少波　陈建国　陈锦岚　林　健　季海萍
周永德　郑亚慧　妮　莎　赵银岐　赵惠媛　赵蜀汉　胡跃斌
祝丽萍　聂文晶　唐洪波　曹矿君　蒲　强

《中国河流泥沙公报》编辑部设在水利部国际泥沙研究培训中心